毛小孩讀心術

瑞昇文化

前言

「絆」——。自從２０１１年發生東日本大地震以來，我們經常能聽到這個單詞。查詢手邊的字典，「絆」，有１「綁住動物的繩索」、２「難以切斷的關係」等意思。

動物，尤其是人和狗的關係，不正是符合文字涵義般，是以「繩索」連結的嗎？散步時的狗鍊雖然也是繩索的一種，但這裡提到的繩索，不單是指飼主和狗狗牽繫在一起的物理上的關係，我更認為，連結飼主和狗狗之間難以切割的「愛情」成分占得更大。正因為雙方的心以繩索緊緊相連，飼主要是能有耐心側耳傾聽「狗狗想說的話」，狗狗也必定會回應飼主的內心想法。

我的上一本著作《想對狗狗說的許多話》（瑞昇文化），是採用狗狗回答人類疑問的對答形式，嘗試說明狗狗的行動與心理。而本書《想對狗狗說的許多話Part2》為其續篇，將前作中未詢問狗狗的疑問與想法，再次向狗狗提問。

讀完之後，若各位能感到自己對愛犬的愛意又再加深一層，那一定是狗狗與人之間的「絆」有比現在更強力的連結。雖然這是我個人的想法，但我仍認為並期盼您能透過閱讀本書，而有這樣的感動。

狗狗的教養輔導員

中村多惠

序章
無意間對狗狗說的話

『戴項圈，是什麼樣的感覺呢？』

不管是散步的時候，還是在家放鬆休息的時候，
像正字標記般戴在脖子上的項圈。
管它是太緊還是太鬆，對狗狗而言，
好像都一樣覺得不太合適。
標準狀態是戴在脖子上時，
大約能夠容納人的2~3根手指。
即使綁上狗鍊拉著，
項圈也不會輕易鬆開而讓脖子掙脫，
加上穿戴不會不舒服，能讓你我都放心呢！

『感覺很不安穩呢！』

對狗狗來說，排便時是非常無防備的狀態。
野性的ＤＮＡ誘發出焦慮的不安感。
所以會在安全的角落背過身去，
然後繞圈式地轉來轉去，
或依賴著飼主般，
眼神緊盯著飼主不放。

『你留下了清晰可見的足跡喔！』

雖說狗狗不會流汗，
但其實腳掌肉球裡面藏有汗腺。
就像是我們把汗緊緊握在手中，
狗狗們感到緊張時或是害怕時
腳底偶爾也會濕答答地流出汗喔！

『已經到成熟的年齡了呢~』

狗狗的一生也只有十多年。
還以為牠仍是隻幼犬，
一轉眼已經是成犬了。
又到了迎接戀愛的季節了。

『怎麼會這樣!? 你明明是個小女生!?』

抬起一隻腳撒尿是公狗的特權……
其實並非如此。
「排泄」是無論雌雄都會做的事，
而且這個行為帶有宣示領土、
畫上記號的意義，
所以當然也會有果斷地抬起腿、
強力宣示自我主權的母狗。

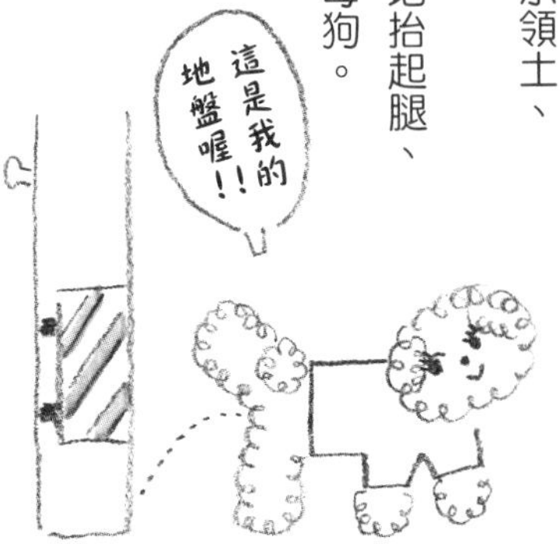

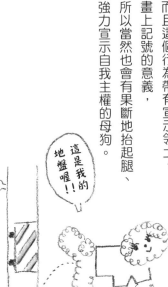

『毛短一點是不是比較涼呢？』

炎夏，狗狗一定很熱吧。
因著有這種想法的飼主對狗狗的疼愛之情，
出現了「夏天剪毛的狗狗」。
但其實狗狗要是沒有適當的毛皮長度，
會很容易受到陽光直射或紫外線的傷害。
請留一些毛給牠吧。

目次

Part.2　觀察你的正確方法

Part. 1

無法想像你不在身邊的生活

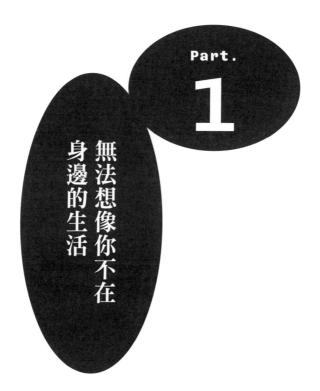

眼神交會的瞬間，心中是否有點悸動呢？不過我們不知道幼犬自己是否也有這種感覺，畢竟牠還是「待售狀態」嘛。

『莫非這是命運的相遇!?』

能被你這麼說真榮幸，但未來還很長，急切絕對沒益處喔！

與可愛的幼犬相遇總是非常戲劇性。在往後的許多日子中，經常會想起見面那瞬間的情景，以及幼犬當下的表情和行為。那一刻，簡直就是命中注定相遇的瞬間。這相見後的心情，等同於被徹底擄獲芳心一般的「初戀」。

然而，要是開始飼養起幼犬，便是所謂的「結婚」。相信命運的瞬間、立刻把幼犬接回家的「衝動購物」，便和「閃電結婚」同一等級。思考得不夠周全導致關係破裂的危險性極高。相對的，仔細選擇對象條件的「相親」，失敗的案例可能比較少。「閃電結婚」當然也有成功的例子，但仍然需要多注意。

那麼，挑選幼犬時，該怎麼做才是最好的呢？首先，思考對象的條件。與其煩惱哪一種狗狗比較好，不妨思考哪一種狗狗比較難教養和難相處，用這種消去法考慮，比較能貼近現實狀態。

與狗狗最安心的相遇地點，是有許多狗專家（飼養員）駐守的育犬協會。因為這裡就像是有「媒人」的婚配場合，可從中獲知完整的幼犬身世與健康資訊。在街上的寵物店挑選，則像是「自由戀愛」，能夠和幼犬有充分的交流，只要能從店員那裡得到值得信賴的幼犬資訊，應該就能擁有「這輩子都要和這孩子在一起」的信心吧！

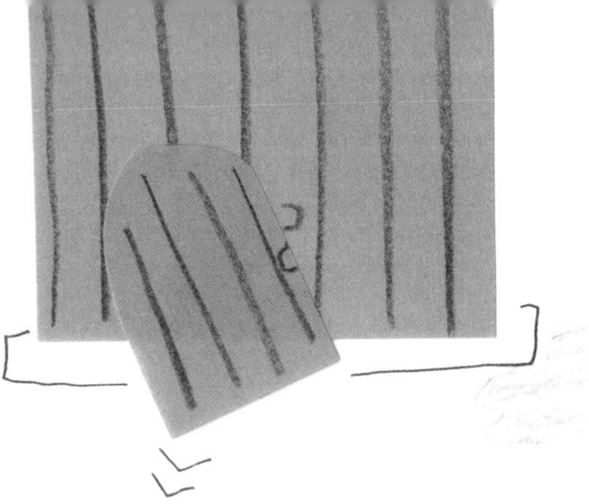

『好像不知不覺買得太多了』

謝謝你準備這麼多玩具給我！

「幼犬的房間（寵物暖窩）在這兒」、「為牠準備一個舒適又鬆軟的睡墊（寵物暖床）吧」、「廁所用這個應該還不錯吧」、「飼料盆和喝水盆是成套的，真是可愛呢！」……等等。在迎接可愛幼犬返家之際，想像著即將展開的嶄新生活型態，同時進行著各種事前準備，著實是件滿心雀躍的事。尤其是初次養狗的人，得知許多長久以來無緣接觸的各種狗類商品和方便器具，必定會對各種器具的功能性與多樣化設計感佩不已，而沉浸在挑選商品的情緒中吧。

然而當幼犬終於帶回家後，原本幻想中的美好生活卻很可能完全超出預料。幼犬是玩耍的

對幼犬來說，「真正的玩具」和「不是真的玩具」其實沒有多大區別。玩耍道具的標準，其實只在「好玩與否!?」以及「會挨罵嗎!?」而已。

天才，牠能把任何物品都當作玩具，就連鬆軟保暖的寵物睡墊也可能在一瞬間就被咬得破破爛爛的。牠每天都超級有精神，一下子飛跳越過自己的暖窩，自由自在地繞著圈玩耍；一下子又把預備好的廁所弄得天翻地覆，然後到處亂排泄；喚牠來吃飯時，以爆衝般的飛快速度衝過來打翻飼料盆，還「順便」把盆子給弄破……。一不留神，便會發現毛毯、墊被、報紙等人類使用的東西也都變成牠玩耍的道具。結果，您可能會發現為了配合狗狗的習性，與其講究設計性，重新選購堅固持久的商品才是上策。因此，在事前準備時最好能諮詢飼養員等對狗狗瞭若指掌的專家，將他們的建議作為參考，就算已經展開了與幼犬的生活，也仍然不遲。

『別擔心，一點都不可怕喔！』

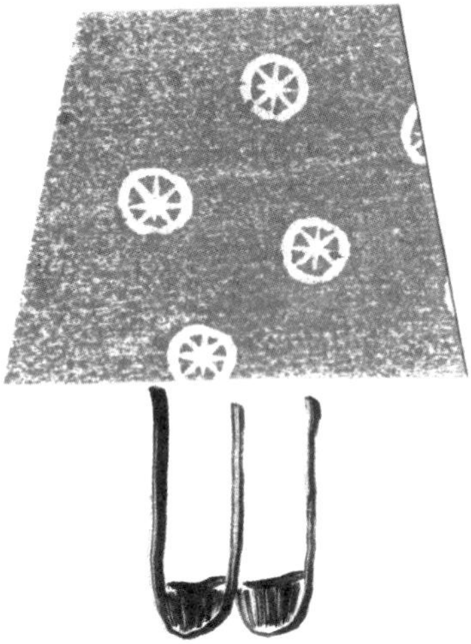

我是個超級膽小鬼……
嗯，好的，我會試著鼓起勇氣的！

狗狗是透過經驗來學習各種事物的。經驗值較低的幼犬，對任何事都仔細觀察與傾聽，但實際上對牠們來說，這一切全都屬於未知的世界。所以牠們的內心其實充滿了不安與恐懼。

不過有些時候，幼犬會在帶著不安與恐懼的同時，對未知的世界懷抱著強烈的好奇心。對於初次碰到的事物，儘管有著興奮與緊張的情緒，仍會緩慢地接近、確認，這是幼犬與生俱來的習性。只要知道了這不需要害怕，便學習到「可以不用擔心」；發現這個會讓身體痛，便學習到「要注意這個」。就這樣在學習中逐漸成長而茁壯、堅強。

其中也有將興奮或緊張表現得特別強烈的膽小狗狗。在狗狗的世界中，這種性格膽怯的個性雖然會以「羞怯（SHY）」表示，然而，當羞怯的狗狗心中的恐懼情緒太強烈時，卻會無法自行接近陌生的人事物。因此，能夠在內心中被判斷為「可以不用擔心」的對象無法擴張，除了飼主以外難以和其他人親近，對於初次接觸的環境也難以適應，容易教養成適應力較低的狗狗。和人類的小孩一樣，幼犬也有各式各樣的性格。不過，羞怯的性格若是太過強烈，很多事情不敢嘗試，人生（犬生）就稍微有點浪費了。避免過度保護羞怯的狗寶貝，大膽地讓牠去累積、擴張生活中各種「可以不用擔心」的經驗。只要能讓牠有一點膽量，提起勇氣，羞怯的狗寶貝所具備的「慎重」性格，也能夠以美好的形式開花結果。

表示膽怯、羞怯的情形，通常會以「我家的寶貝很害羞」來表現，然而在狗狗的情況下，並不是因為害羞，而是因為害怕才會有這樣的行動。

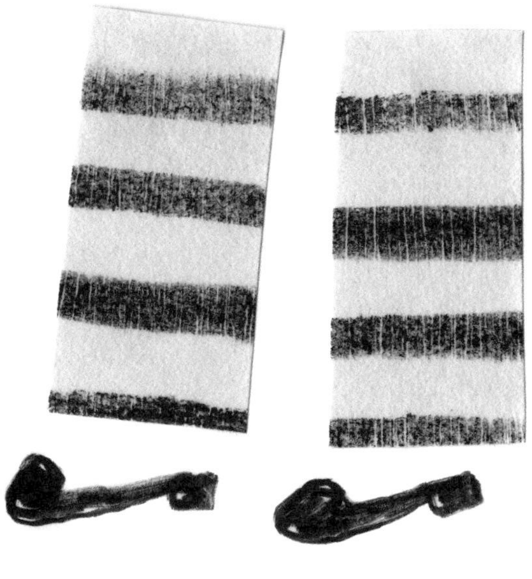

『有牛奶的味道呢！』

雖然身體有點大，卻能憑著氣味知道幼犬在哪裡喔

對狗狗來說，氣味就像是名片一樣的東西。每隻狗都有自己專屬的氣味，只要嗅嗅對方的氣味來表達「你好啊」，就能透過氣味知道對方是隻怎樣的狗，因此這種嗅氣味的方式是非常豪邁的打招呼。大家都知道狗狗的嗅覺十分敏銳，狗狗的嗅覺據說是人類的數十萬倍～一億倍，而且實際上，狗狗嗅覺的靈敏程度，甚至能夠只透過氣味就判斷出個體。這或許是屬於我們這些以「你好，我是〇〇」等報上名字打招呼後，再經由熟記對方的長相，然後才彼此認識的人類所難以想像的異次元狀態吧。不過換個角度想，氣味遠比人類的打招呼方式

簡便多了。就算沒有直接見到面，只要留有氣味，就能傳達出「今天也很有精神喔！」、「最近稍微有點悶熱發懶」等訊息。狗狗在散步過程中，拼命地在街角聞嗅氣味，或是到處撒尿留下印記，都能夠算是在傳達自己最近的生活狀態呢。

即使是面對面相見的情形，與其從外觀判斷，狗狗反而更習慣以氣味辨識對方。因此，即便是體重已將近10公斤且外觀幾乎讓人驚呼「為什麼！這隻狗是幼犬!?」的大型犬的幼犬，仍會在氣味上透露出這隻幼犬特有的乳香味，藉以充分表現出「我的年紀還很小。態度和動作都請輕柔一點喔！」的訊息。嗅到這股訊息的成犬們，便多少會以「喔，雖然體積很龐大，但還只是個小娃兒啊」的態度對待牠。

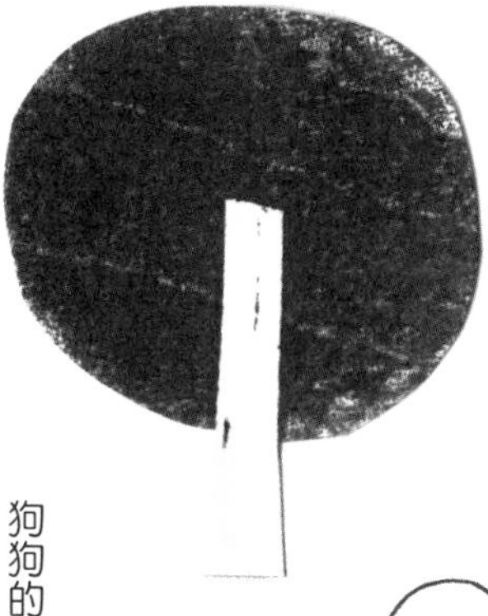

狗狗的嗅覺據說是人類的數十萬倍～一億倍。牠們用鼻子所捕捉到的訊息量，遠遠超出我們的想像。

『我們家不狹小嗎？』

大部分的狗狗成為成犬之後，都會在家裡展開大型運動會。然而偶爾也有些狗狗無論長到幾歲都依然精神飽滿、充滿元氣，所以最好能依照狗狗當時的狀態來調整環境。

不會不會，完全沒有這種問題喔！甚至感覺太寬敞了呢！

帶一隻狗回家養，宛如是增加了一位家族成員。當然，飼養前腦海中多少會思考「我家只是1DK（一房間一餐廳一廚房）的房型會不會太狹窄？」等問題。或許也有些人考慮了這些問題後又決定放棄養狗。

然而，無法養狗的房屋條件只有一個，那就是「這間屋子是禁止養狗的房屋」。只要克服這個條件，不管是多狹窄的空間都可以養狗。

話雖如此，飼主有可能因為感覺到生活在自己家裡的狗狗似乎對狹小空間備感壓力而覺得很煩惱，這類情形層出不窮。狗狗本身焦躁不安，或許也因此導致與家人的互動變得不太好。要避免這種情形發生，最好一開始就挑選適合家族氣氛或屬性的狗狗飼養。空間方面的重點，在於狗狗的「活動量」。不管體型有多小，如果狗狗是活潑好動、會持續繞圈奔跑的類型，要是沒有給牠這種生活的空間，狗狗就會感覺被悶住般而情緒緊張。另一方面，即使是大型犬，若是偏好一整天都閒適度過的類型，就算只是精緻小巧的房屋，生活上也應當足夠了。狗狗原本就具有在較狹窄空間反而更能平靜沉著的習性，只要不是活動量大的狗狗，應該也會對不寬敞的生活環境感到滿足。當然，前提是每天能給牠充足的散步時光。

也有一些是在飼養狗狗前才剛完成搬家或裝修的住宅。配合狗狗的到來改變家中裝潢，也是一種不錯的選擇呢。

『咦！外觀看起來變得很不一樣了呢！』

**謝謝你經常注意到我的些微變化
這就是充滿成犬魅力的狗狗喔！**

雖然不是像蝌蚪變青蛙這種全面性的轉變，但是在幼犬變為成犬的過程中，容貌或姿態有時候會有所改變。

比方說柴犬。尚在走幾步路就東倒西歪、跌坐在地的幼犬期，大部分兩耳都是往前下垂的狀態，隨著時間成長，長成豎立起來的立三角耳，臉蛋有威儀非凡的氣勢，體態也變得勇健。另外，以優雅垂耳和尾巴有裝飾毛而自豪的蝶耳狗（Papillon），其實在幼犬期以整體毛髮偏少的情況比較常見。被稱為「移動式寶石」的約克夏㹴（Yorkshire Terrier）以深鋼藍的美麗毛色為特徵，但其實牠在出生後的2～

3個月之間都是全黑的。在那之後經過幾次毛色轉變，直到出生後的2～3歲，才終於轉變為鮮豔的毛色。

這些變化雖然來自與生俱來的DNA，卻也和飲食、運動、身體護理等日常生活的飼養方式有很大的關聯，飼主是否能把愛犬調養成出色的狗狗，也是各憑飼主的調養本事而定。

另外，可以預測純種的狗狗未來的長相面貌，但混種犬卻無法預測。承襲而來的DNA會顯現出什麼樣的容貌？不只是面貌，也包含了體型，全都是未知狀態，也因此從飼養開始便讓人充滿期待。不過，關於體型方面，腳的大小可作為預測時的一個參考。相對於身體，如果腳又大又厚實，則極有可能會長成較大體型的狗狗。

混種犬！

將來會長成什麼模樣？「成長後的外貌是未知數」，這正是混種犬特有的醍醐味。換言之，這是最可愛且真正原創獨特的「我家的狗寶貝」呢！

『眼睛這麼大，真是個美人胚子呢！』

雖然是有一些迷人的特質，但應該不是「大」就等於「美人」吧

不只限於狗，只要是擁有又圓又明亮眼珠的卡通般臉蛋，便容易給人「非常可愛」的印象。人氣卡通的主角們都有著現實中不可能存在的明亮大眼。狗狗也一樣，明亮的大眼睛會讓人覺得可愛，因此圓珠大眼的狗狗特別受人喜愛。

不過，你知道狗狗因為各犬種等因素，致使理想的長相特徵已經有固定模式了嗎？任何犬種都有特定的一種稱為「標準」的理想長相特徵和體態的定義。這個定義大致上是全世界共通的，但代表各國的狗狗團體另有個別制定這項定義（例如日本是以日本育犬協會《Japan

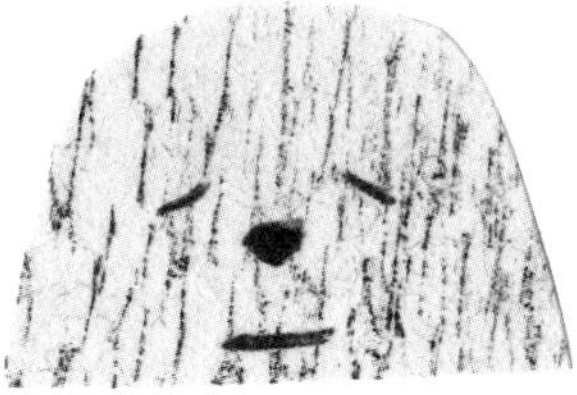

也有些狗狗擁有稱為「虹膜異色症（Heterochromia Iridis，也稱為bi-eye）」的異常狀況，致使左右眼睛的虹膜呈現出不同顏色。其中有些犬種的血統已被正式承認，例如牧羊犬的犬種或西伯利亞哈士奇等，但也有些犬種至今未被承認。

Kennel Club，JKC》為代表；英國則是倫敦犬業俱樂部《Kennel Club，KC》；美國則由美國犬業俱樂部《American Kennel Club，AKC》代表），因此也有些犬種會因國家不同而在「標準」上出現若干差異。

根據日本育犬協會（JKC）所訂定的標準，以可愛類型的代表犬種「獅子狗」為例，牠的眼睛形狀即為「杏仁型」。至於柴犬等犬種則記載著「呈現出些微三角形，眼尾稍微往上翹起」。這意味著，狗狗的眼睛很明確地不必非得是明亮大眼才是理想狀態。另一方面，也有些犬種，比方說吉娃娃或哈巴狗，就是直接被定義為「擁有又大又圓的眼睛」。如果希望飼養的狗狗是正統派美人，先去認識該犬種的「標準」，或許才是最應該踏出的第一步。

『你有仔細看路嗎？』

聽說狗狗都有近視，卻都沒戴眼鏡來掩飾這件事

狗狗的嗅覺和聽覺非常敏銳，但另一方面，牠的視覺卻不怎麼好。因此，「狗走在路上也會被棒子打到（イヌも歩けば棒に当たる）」這種玩笑似的說法是真的會發生。提到這，讓我想起某戶人家曾發生的事。據說當時散步中的狗狗，只是稍微看了一下旁邊，就一頭撞上了電線桿。另有一家的狗狗，只要一慌亂就會找不到離自己稍有點距離的點心碎屑，而拼命地在目光偏移的位置繞圈嗅著尋找。沒錯，以人類的狀態來說，狗狗的視力狀態就是近視。

不過，其中也有被稱為「視力型嗅獵犬（Sighthound）（Sight＝視野，Hound＝獵犬）」的犬種，牠們的視力極好，能在廣大原野或沙漠等寬廣之處看見遠方的獵物，並趨前獵捕。狗狗明明應該是近視的狀態，難道只有視力型嗅獵犬比較特別嗎？

其實，狗是「動體視力」極為出色的生物。牠能用眼睛快速地捕捉動作中的物體。尤其是視力型嗅獵犬在這方面的能力傑出，可以望向遠方，讓視線停留在相當遙遠的獵物身上。

另外，近視的人若在昏暗的環境下，視野會變得更差，動作也遲鈍許多。然而狗狗們即便在昏暗環境中依然能像平常一樣行動，幾乎不太會碰撞到物品。這是因為狗狗是活躍於微光性（Crepuscular）的昏暗時間帶中的動物，牠們的眼睛對亮光的感受性很強，甚至是人類的數倍，就算只有微量的光也能夠看得清楚。

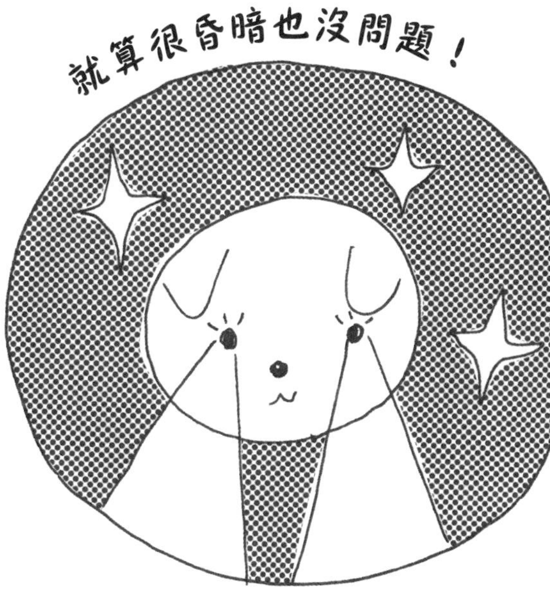

狗狗能適應微光性環境，是因為繼承了狼祖先的ＤＮＡ。可作為獵物的動物經常會在黃昏或清晨時出來活動，所以狼具備了欲捕捉這些獵物時所需要的視力。

『咦！這就是坐下嗎？』

對啊！雖然大家都說看不太出來，但這也是很帥氣的坐姿喔！

只要嘗試飼養狗狗，應該都能意外地看到狗狗各種奇怪的坐下姿勢。例如，身體偏向一邊的橫座（屈膝側坐），或是以臀部著地靠著腰部的腰座，又或者單腿伸直的片座等。相反的，若是狗狗當下也情緒高昂，例如可以享用小點心等時候，自然會伸長背肌、挺直身體，做出模範式的坐姿。

這裡希望大家一起思考的對象是，短腿犬。牠們究竟能不能做出正確的坐下姿勢呢……？正解是「可以」。雖然看起來稍微像是臀部往後靠著的模樣，但實際上卻是挺著胸膛讓臀部穩穩地接觸地面，坐得相當漂亮。短腿犬通常

坐下，是狗狗的基本禮儀。在任何狀況下都能聽從指令立刻坐下的狗狗，比較能夠學習更進階的指令喔！

是因某個特定目的而配種出來的結果，因此沒有骨骼異常的情形，其他的狗狗能夠做到的事情牠們也都做得到。

儘管如此，是為了什麼原因才特地配種成短腿的呢？在以前的時代，養狗是為了幫助各種工作順利進行。像現代完全當作寵物飼養的情形，在當時只是極少數的一部分，大多數都是擔任了輔助人類工作的角色，比方說狩獵、畜牧、搬運等。各種場合都要求狗狗提供高效率，於是人類便根據需求進行配種，以製造出理想的狗狗。例如臘腸犬（Dachshund）能輕易地潛入獵物「貛」的巢穴，又如柯基犬（Corgi）在牧場上來回奔跑時能驅趕並推擠牛隻的步伐般。因此，即使同樣是短腿犬，背景也是完全不同的。

其他狗同伴都說我是兇惡臉，被你說「可愛」還真讓我不好意思呢！

平常如果看慣了沉穩可愛的狗狗，當看見了充滿野性、個性剛烈的狗，或是敏銳靈敏的狗，又或者是肌肉顯著、雄性氣息強烈的狗，或許會有「這同樣是狗嗎？」的感覺而感到困惑。

日語中將皺紋臉的狗狗統稱為「ブサかわ犬（意即「醜得很可愛的狗」）」，這個名稱或許非常貼切。其代表犬種，莫過於沙皮犬（Shar Pei）。牠從幼犬期開始，臉中央的位置就皺巴巴的，宛如上了年紀的老先生。著實與天真無辜的幼犬形象相去甚遠。當然，對於喜歡這個犬種的人來說，牠那佈滿皺紋的臉蛋

『這張顯老態的臉真是可愛啊！』

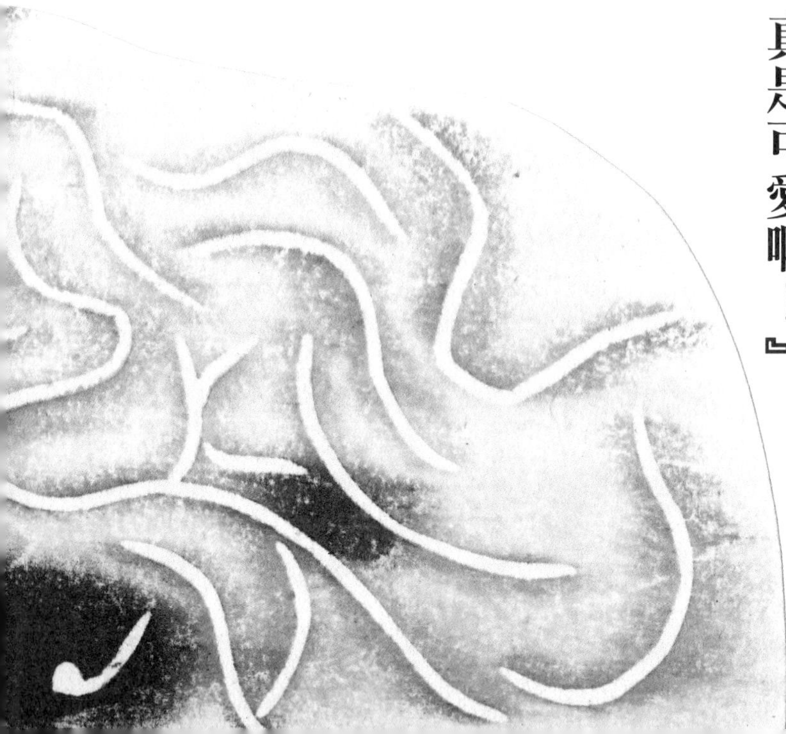

實在是無法抗拒的可愛啊。

鬥牛犬（Bulldog）或土佐犬（Tosa）也是因皺紋臉而廣為人知。這些狗狗們因為臉有皺紋看起來比較兇惡，容易讓對方有壓迫感。此外，哈巴狗（Pug）也是皺紋臉，但牠屬於小型犬而且有著迷人的性格，廣受人們喜愛。

牠們都是因為有皺紋而看起來有那麼一丁點像是老臉。不過，這些皺紋有個確切的作用。這些狗狗的共通點，在於牠們都是鬪犬。就算被對方咬住了臉部，也只是皺紋會受一點傷，不至於出現嚴重的挫傷。土佐犬是現役的鬪犬。而鬥牛犬現在是沉穩的英國紳士，以前卻是以鬪犬而聞名。其他如瑪士蒂夫獒犬或西藏獒犬以及其祖先們所具有的鬪犬性格，都對牠們的面貌有所影響。

皺紋臉的狗狗們，因皺紋和皺紋之間的悶熱情形，很容易引起皮膚病，因此需要頻繁擦拭以維持清潔。

『你在偽裝什麼嗎？』

嗯，因為我有點緊張……所以自然地擺出了外出專用的表情

在家人面前會盡情調皮，對於不喜悅或不喜歡的事情會吠叫或啃咬的任性狗狗，在其他人面前卻會搖著尾巴，親切地表現出想要玩耍或被摸頭的樣子，不會顯現出任何任性的模樣，態度經常立刻一百八十度轉變。如果把自己想成是熟知狗狗平常表現的飼主，這時大概會覺得「唉呀～又在假裝了啊」。

沒錯，狗狗也會偽裝自己。不過這決不是在盤算著「這種情形要假裝成好孩子，讓自己看起來更好」，而是牠羞怯性格的表現。狗狗基本上也有格外重視親人的「內弁慶※」性格，所以能顯現出真面目的對象只限家人，當其他

狗狗在家人面前會展露出肆無忌憚的真正調皮個性，但是一踏出屋外，卻轉變成文靜內弁慶※狗狗的比例似乎壓倒性地多。

※譯註：「內弁慶」是指「在家是英雄，出門是狗熊」的意思。

人接近自己時，有時也會在一開始時就觀察對方的態度。

因為這些原因，與狗狗初次見面時狗狗所顯露的神情，或者接牠回家第一天牠所表現出的溫順，都不是這隻狗狗的「真面目」。也就是說，剛見面時的「像個沉穩、聽話的乖孩子」的這種評語是不見得準確的。任何狗狗來到新環境或面對新飼主時，都會一邊觀察周遭情況，一邊小心地行動。不過，逐漸熟悉且在內心認同了家人和環境後，便會慢慢地表現出原有本色。這時，已經再也看不到當初的害羞神情，取而代之的，應該是牠生動活潑又滿足的各種表情吧。

『你要講幾次才知道不可以咬人啦！』

我以為你是要玩手伸進嘴巴的遊戲……!?我以後會注意的……

幼犬偶爾會俏皮地啃著、或用牙齒輕咬飼主的手。這種情形通常是從遊玩過程中發展出來的。儘管如此，依舊必須在狗狗還是幼犬階段時確實教導牠「絕對不行」用牙齒咬住對方。

俗話說「三歲定終生」，狗狗也是從幼犬時期展露自己真實的性格。不斷地甩開牠的嘴巴卻仍張著嘴打算咬住，以及幾乎是掙脫抵抗般仍緊緊咬住的狗狗，都是已經確實意識到「咬」的這個動作。在牠長大後，不管遇到什麼事，都極有可能會以咬住或咬人來應對。

因此不管是在什麼場合，總之，只要牠張口用牙齒咬住對方（不論是人還是物）都必須在

狗狗的牙齒非常銳利，要是牠本身是認真地張口咬人，非常可能因此而讓對方受傷。確實教導牠無論任何場合都絕對不能張口咬人，是非常重要的。

當下立刻制止牠。用什麼方式制止比較合適，與這隻狗狗的性格有關。首先，當狗狗稍微張口用牙齒輕輕咬住的瞬間，立刻短促地叫喊出「好痛！」，然後把手縮回去。這時，有些幼犬將會瞭解到「喔，原來不行啊！」。然而，應該也有感覺越來越有趣而想俏皮地咬住的狗狗，或者燃起了戰鬥心理而打算更努力咬住的狗狗吧。如果是這種情形，就必須確實地責罵牠了。可以用低沉的聲音和語調傳達「NO」、「不行」等指示語。然後讓牠做出「坐下」或「趴下」的姿勢，使牠的情緒能沉著、穩定下來而不再那麼興奮。不過，用手指彈牠的鼻頭或用手按壓、包覆住牠的口鼻部，對於性格細膩的狗狗來說反而會有反效果。

雖然不知道是什麼原因，但是我知道主人說這樣做不可以

幼犬還不會分辨什麼事可以做、什麼事不能做。因為牠身為狗狗的個體性格還沒發育完全，所以沒辦法理解人類社會的規則和紀律。即使突然給牠各式各樣的訓練，也無法讓牠立刻開竅，說不定反而讓牠感覺到很大的負擔。

幼犬期的狗狗就和人類的小嬰孩一樣，不妨從分辨事物的感覺開始教導牠。為了能確實指引牠，責罵或誇獎等音調上的抑揚頓挫是很重要的。幼犬會從飼主的對應態度，慢慢理解哪些是不能做的事，以及哪些是可以做的事。總之，就算只是一點點，只要牠做得正確，就好好地誇獎牠，以這樣的方式教育牠吧！

不可以做的行為中，以啃咬、飛奔、吠叫為代表。只要能遵守這三件行為的規範，就不至於給人帶來困擾，能成為生活平穩的狗狗。

首先，會咬人的，不管是人類還是狗狗都一樣是不討喜的。要教養出大家都喜歡的友善小孩，凡是有咬人惡習，就絕對ＮＧ。另外，「飛撲」對於不擅長和狗狗互動的人來說，是非常困擾的行為。小型犬還勉強可接受，中型～大型犬若是飛撲到人類身上，便可能會引起事故。

另外，吠叫本身雖然也算是狗狗的工作之一，但若是習慣性吠叫，就絕對ＮＧ。在日本這種與鄰居緊密相連的住宅狀態下，必然會有對吠叫反應敏感的民眾。為了避免妨礙近鄰，必須讓狗狗學會不可以隨便吠叫。

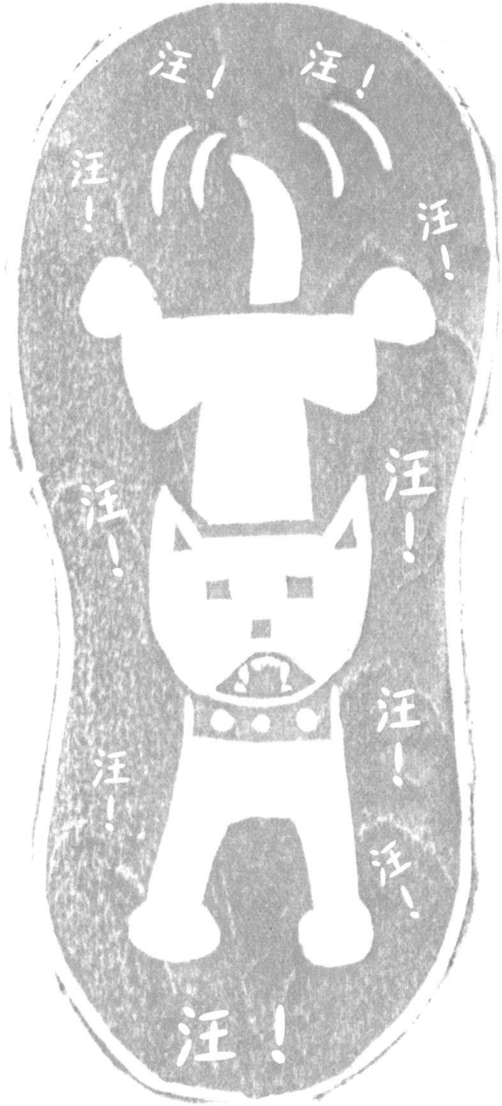

狗狗的吠叫，除了表現出警戒心外，同時也是為了把狀況告知同伴。也就是說，這種狀況是牠在告訴飼主「危險喔！」，所以不妨對著狗狗低聲告訴牠「沒關係的！」。當牠停止吠叫後，別忘了要誇獎牠喔！

『不需要叫成這樣吧～』

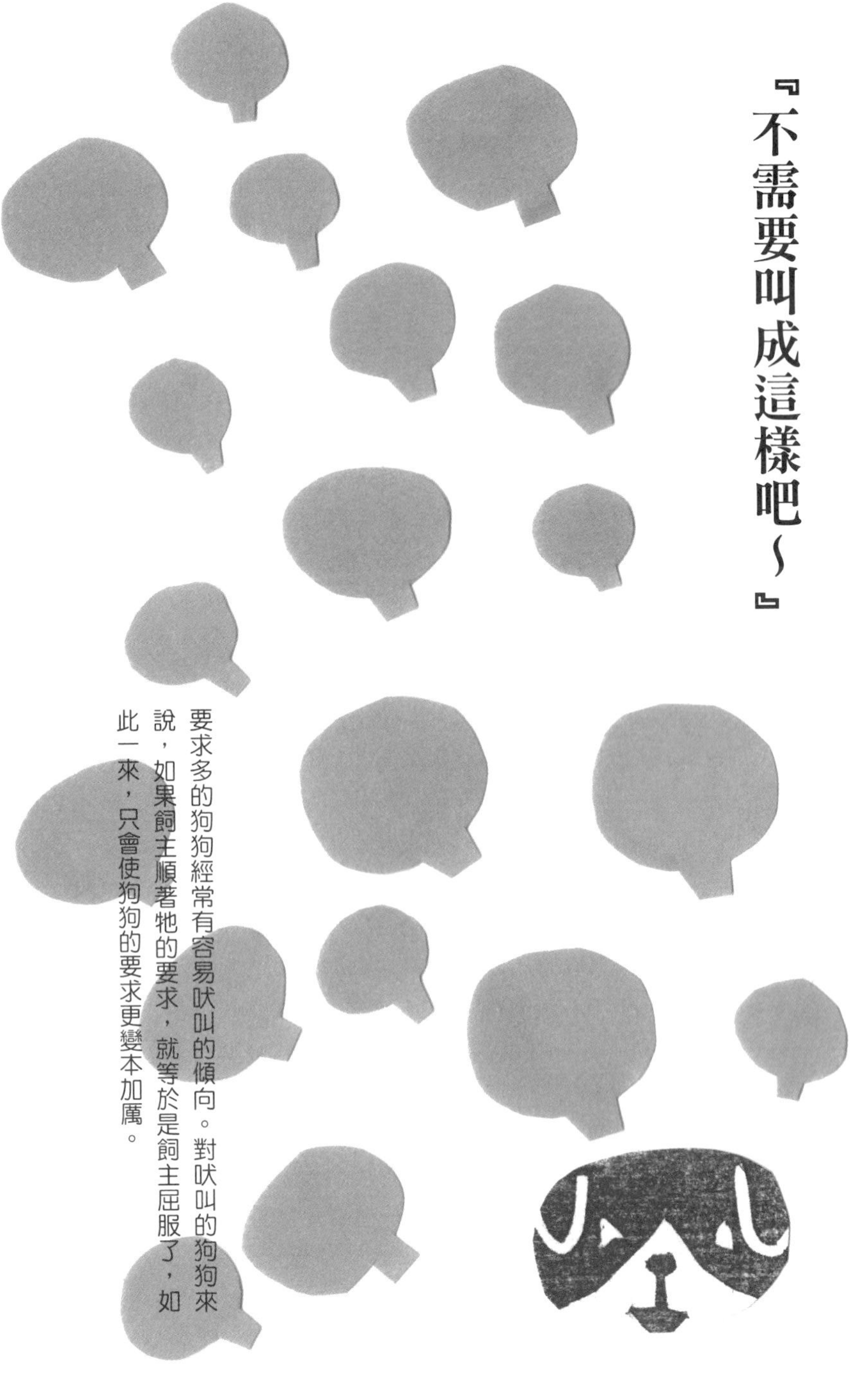

要求多的狗狗經常有容易吠叫的傾向。對吠叫的狗狗來說，如果飼主順著牠的要求，就等於是飼主屈服了，如此一來，只會使狗狗的要求更變本加厲。

但我如果沒有這樣叫，你根本就沒有在聽我講話啊！

狗狗是會學習的動物。無論是好事還是壞事，都會學習。例如：要求。根據狗狗原本的性格，有些狗狗的要求欲望很強烈，也有些狗狗幾乎不太有要求。然而，無論是哪種性格的狗狗若學習到透過某種行動就能使「要求實現」，之後也會採取相同行動來傳達要求。

以下是狗狗和飼主之間常見的互動情形。狗狗表達「我想要吃一些點心～」而將眼神朝上望向飼主。飼主應答著「對喔。等一下喔～」然後前去拿點心。或者，狗狗表達「我想要快一點去散步～」而「汪」地吠了一聲。飼主應答著「已經到這個時間啦!?那我們準備出門吧！」然後開始進行散步的準備。

如果這是家裡日常對話的內容，那麼，在這戶人家裡，便是認可狗狗能夠有自我主張的權利。當然，只要家人都滿意這樣的關係，便能作為家族規則而成立。其中必須注意的是，無論是人類的還是狗狗的要求，都是會逐漸「升級」的。如果要求沒有被允諾，狗狗便會以更增強的行為進行要求。狗狗表達「我要點心！」而把前腳搭放在飼主的膝蓋上。飼主應答著「好好，馬上拿」。或者，狗狗表達「我要散步！」而站在玄關口狂吠。飼主應答著「好好，馬上去」。這樣一來，就成了飼主事事順著狗狗要求的狀態。為了不要養出狗狗驕縱任性的性格，飼主最好確實掌握住決定權。

『不好意思，那是我的枕頭耶……』

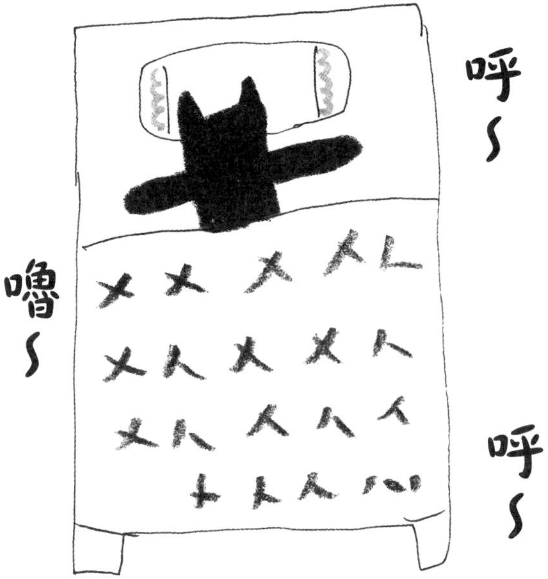

但是對我來說，也是非常非常重要的睡床耶!!

某個驕縱的狗狗和女性飼主的小故事。自幼犬時期起便一直是一起睡，兩個人也始終感情極佳，然而當女飼主即將結婚時，卻發生了令人困擾的事。那就是：夫妻兩人無法同床而睡。當新婚丈夫朝女飼主的棉被靠近時，長久以來一直友善親切的狗狗卻認真地發出「汪！」的叫聲把他趕了下去。雖然試著在晚上讓狗狗睡在寵物暖窩裡，卻整晚持續嗚嗚嗚地悲鳴著，弄得雙方都無法入睡。無計可施之下，只好展開新婚丈夫睡別處的新婚生活。另有一家的狗狗是睡在男飼主的腳邊，但日復一日，應該睡在腳邊的狗狗卻逐漸往上睡，不知是從什麼時候開始的，竟然和飼主共用一個枕頭！一開始狗狗還有點顧慮，只把自己的鼻子枕在枕頭上，後來竟堂而皇之地把頭枕在枕頭上，甚至在不知不覺間比男飼主還要更早在床上休息。某天晚上，之後才姍姍前來就寢的男飼主，被一向穩重安靜的愛犬輕輕發出的「嗚——」牽制住。

為什麼狗狗會特別在意入睡場所，甚至對家人發出警告般的聲音呢？這是捍衛領土的本能開始運作所引起的。睡床是狗狗最容易出現領土意識的場所，對侵入者表現出警戒心是必然的情形。

為了讓飼主和狗狗都能睡得安穩，為愛犬設置專屬的睡床，是個很不錯的方式。

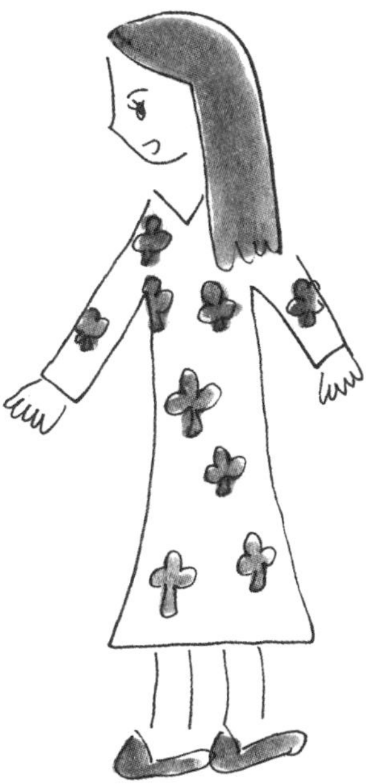

任何動物守護巢穴的本能都非常強。對狗狗而言，「睡床」便等同於巢穴。如果守護的空間被闖入了，就算是飼主，對狗狗的「抗議」也束手無策。

我在想～你是不是不見了，害我非常非常不安！

現在這個時代，把狗狗養在室內被認為是理所當然的。能帶著狗狗外出參加的運動，或是一起外宿的地點也增加了不少，從好的方面來看，狗狗和飼主的關係變得更加濃厚了。然而，雙方距離拉近的同時，對飼主依賴加深的狗狗，也是這個時代的風潮。

一旦雙方建立出要一直緊黏著對方的關係後，只要狗狗沒看見飼主，就會感覺到焦慮不安。然後無時無刻緊跟在飼主的後面，連飼主去洗手間或洗澡的時間也都在門前耐心等待。沒錯，狗狗開始採取宛如跟蹤狂一般的行動。而且也有些狗狗只要一離開飼主就格外感到不

『你根本是跟蹤狂嘛』

安而不停地吠叫。

不管哪一種，狗狗本身都會感受到極強大的壓力，都可能導致心理疾病。教養狗狗接受短暫的獨自看家，培養牠承受這種程度的孤獨，讓牠成為堅強的個體，這些都能幫助飼主和狗狗能夠更安心生活。就如同人類育兒，孩子長大獨立或父母年邁逝去一般，彼此建構出擁有適當距離感的孤獨時間。平常互動的時候就要讓狗狗知道：遊玩時可以盡情地黏在一起，但是這個時間以外，則各自在不同的場所。

只要有過一次焦慮不安增強的情形，之後就會非常麻煩。飼主可以製造讓牠自己獨處的時間，或是逐漸拉開兩人的距離，讓牠能藉此學習到「飼主一定會回來！」，如此一來，狗狗應該就能慢慢平靜下來吧。

若焦慮不安的情緒太過強烈，說不定會引起「分離焦慮」這種疾病。若是如此，將會出現慌張或持續吠叫的情形，致使症狀更加嚴重。

『正以為你安靜乖乖的……』

不知不覺太開心，就忘我地玩了起來……

成為家族成員的幼犬，是那麼可愛天真，卻也是勢不可擋的頑皮小孩。當牠施展惡作劇功力時，宛如一場小風暴襲擊而過，要是沒有仔細盯好牠，可不知道會發生什麼可怕的事，只有睡著時的安靜模樣才真是小天使！有這種想法的飼主應該不少吧。

前幾天才剛接小幼犬回家飼養的某家媽媽，嘆著氣說了以下的事件。

「真是沒想到幼犬會頑皮成這樣，根本沒有一刻安靜！正當我以為牠安靜下來是不是睡著了，竟發現牠一個人安靜地把玄關的皮鞋都咬出來，還啃得破破爛爛的……。實在很讓人頭痛……。」聽了這些話，隔壁的鄰居媽媽也接著繼續說。

「我家的狗狗也是！牠小時候也咬了好多東西。正當我覺得『嗯～牠真是安靜啊～』的時候，牠竟然是翻倒了垃圾桶，還把裡面的垃圾弄得到處都是，或是把廁所的地墊咬得爛呼呼的，要不就是把床上的寢具抓得慘不忍睹……。這種時候牠通常都玩得很忘我呢。就算暫且在一旁望著牠，牠好像也不太容易注意到呢。」對面的媽媽也不甘示弱。

「我家狗狗安靜的時候，我往往得去浴室接牠出來。因為一個不注意，牠就會把肥皂吃了，然後嘴巴裡都是泡泡！」

看來幼犬們安靜的時候，就是牠們搗亂惡作劇最入迷的時刻，要多留意呢！

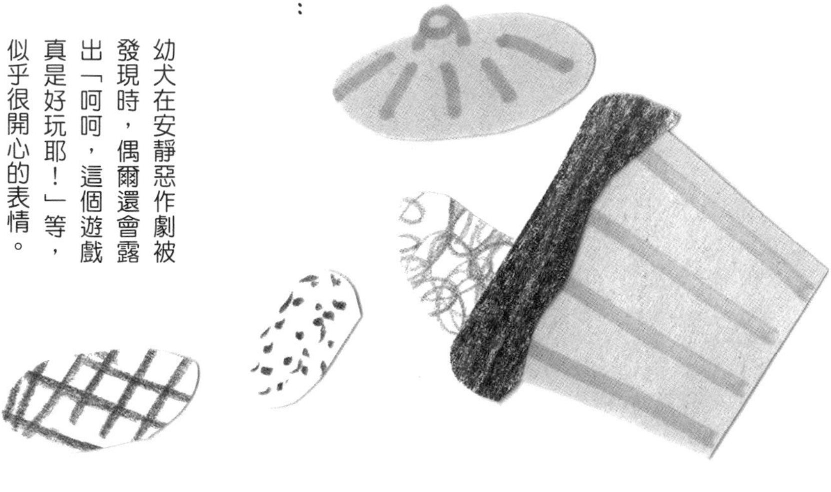

幼犬在安靜惡作劇被發現時，偶爾還會露出「呵呵，這個遊戲真是好玩耶！」等，似乎很開心的表情。

『才剛剛洗好澡你就在地上滾！』

雖然是很不錯的味道
但是一點也不像我自己啊……

是否曾看到過狗狗緩慢地躺在地上，一邊打滾一邊在地面上磨蹭的模樣？這種行為，只出現在用洗髮精把牠洗得乾乾淨淨之後。另有些時候，可能是在散步途中，只是一個不留神，牠就已經在地面上某個臭臭的東西上滾來滾去……。不管是上述的哪一種情形，對飼主來說都是困擾不已的。飼主一定是急忙地阻止狗狗吧。

不過，對狗狗來說，或許「洗髮精」才是讓牠困擾的東西呢。身體清潔乾淨的舒爽狀態，對狗狗而言也應該是很舒服的，但問題在於「氣味」。如前所述（18頁），狗狗身上的味道對狗狗來說就像是名片一樣，獨一無二。如果飼主用心挑選了有香味的洗髮精幫牠洗澡，就等同於替牠換掉自己身上原有的獨特味道（Identity）。對嗅覺靈敏的狗狗而言，身上所附著的洗髮精香味，就跟噴上了濃郁的香水一樣刺鼻。因此狗狗為了去除這些味道、回到自己原本的樣子，才會在地面上磨蹭身體。另外，刻意在有相反的臭味東西上打滾的行為，則是要把那個味道（臭味）沾到自己身上。至於為什麼要這麼做，或許是因為狗狗喜歡那個味道，也或者是為了展現出自我而需要這個味道……，真正的理由只有狗狗自己才知道。

總之，在地面上磨蹭是有原因的，所以可在對狗狗說出「拜託你別這樣，快停下來」後，不要責罵牠，並對牠說一句「對不起」吧。

狗狗的皮膚非常細緻。如果要在家裡幫牠洗澡，最好使用狗狗專用的洗髮精。專用品的香味也比較溫和，可安心使用。

『你是不是搞不清楚，認為我地位比你低啊？』

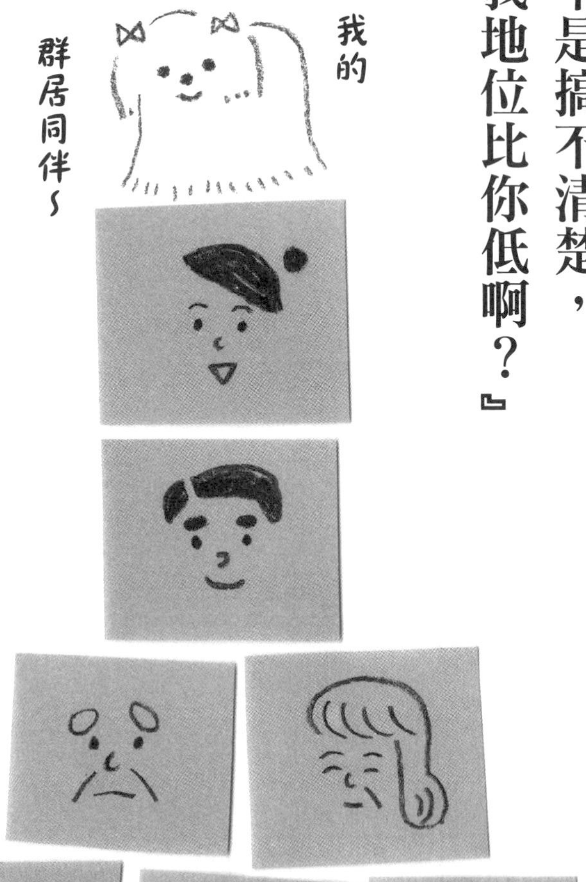

狗狗的世界中，不太會有「平等主義」的觀念。這是因自然界弱肉強食的ＤＮＡ根深蒂固存在所致。

什麼!?我以為我才是這個家的領袖耶!

這是養狗家庭中經常出現的情景。被全家人呵護疼愛的狗狗,無論何時都對媽媽表現出200%的愛意,但對爸爸卻愛意減半。至於對孩子輩的愛意,除了孩子給牠吃點心的情形外,其餘時間基本上都是佯裝不知。為什麼不會對家族中的每個人表現出同樣程度的愛意呢?難道狗狗在某些情形下是比較薄情的嗎?

狗狗原本是群居的動物。群體之中有其特定順序。最高階層處有領袖,其次則以前輩和後輩的關係延續。這是來自於強者生存、弱者淘汰這種自然界嚴厲的環境下,所產生的地位之分。也就是說,狗狗是不採行平等主義的。

另一方面,由人類飼養、提供食物和午睡的現代狗狗們,已經不需要再像以往在野地生活般進行嚴厲的生存作戰了。因此,前輩後輩的關係也變得非常淡薄。所以其他的人也能夠立刻和狗狗玩在一起。

儘管如此,狗狗依然繼承了祖先們的DNA,仍多少留有縱向社會的習性。雖然表現出這種習性的程度視狗狗而異,但狗狗總是在某些地方會以「這個人的位階比自己高?還是低?」的感覺和人互動。然後,對於地位比自己高的對象相當順服,就像是對一家的媽媽般,展現出絕對的愛意。但也很遺憾的,如果牠認為對方的地位比自己低,就會用相應的態度對待對方。這就是狗狗同樣面對家人,卻會依照不同對象改變態度的原因。

愛犬們或許一直認為自己比人類所想像的更優越。這麼一想，就能理解狗狗在許多時候所表現出來的各種態度了。

可以在介紹家人時把我也算進去嗎？

對我們來說，愛犬也是家族的一員，但其中應該有些人認為自己是「撫養者」吧。如果是有孩子的家庭，或許可說狗狗是家裡最小的孩子。然而，對狗狗來說，可能以為自己才是一家的中心呢。

以下，試著解讀三代同堂家庭中的狗狗的心理。這個家裡有爺爺為一家之主，但現實主義的狗狗卻沒有認清這件事。在狗狗的感覺上，認為「這個人總是在家，但卻是和我沒什麼關係的人。只要在必要的時候和他好好相處就行了」。另外，對於溫柔的奶奶，狗狗或許會有「雖然不知道是為了什麼，但她會給我很多小點心。她挺溫柔的，總之，只要我親切地待

她，她應該還會再給我好吃的東西吧」這類的想法。對於工作忙碌幾乎不在家的爸爸，狗狗的理解是「一到晚上，這個人就會出現。雖然是個好人，經常會給我好吃的東西，但有時候稍微感覺有專橫獨斷的霸氣，看來偶爾要聽話『伸手』」，從中認識到對方的地位是比自己更高的人。至於面對狗狗的主要照顧者——媽媽，則是「我是由這個人照顧養育的！她對我有恩情！」，洋溢著忠誠之心。

這家的小孩，是還在讀小學二年級的小學生。「老實說，他還只是個小孩。固執難搞、不知輕重、又吵得要命，看來我偶爾得好好教導他！」在狗狗的立場看來，似乎認為自己的地位更優於小孩呢。

『你以為家裡就是廁所嗎？』

要是在那裡不行的話，我可以在這裡上……因為我們是廁所遊牧民族

連睡著了都會夢見和幼犬的新生活！然而很遺憾的，對多數人而言，和幼犬新生活的開始，都是和「廁所」的戰鬥。

幼犬會毫無顧忌地在飼主不希望牠「解放」的地點，或是根本難以想像的地點排泄。狗狗原本就沒有「廁所」的觀念，所以自然會在自己想排泄的地方、想排泄的時間直接排泄。這時，可以展開廁所訓練（Toilet Training），教導牠定點大小便，但是幼犬才剛到新環境生活，情緒仍相當緊張，就算突然教牠定點大小便，牠大概也搞不清楚該怎麼做吧。要是叱責牠「不可以」，牠反而會變本加厲在不同的地廁所訓練是養育幼犬的必經之路。能讓沒有廁所概念的幼犬記住廁所這件事，本身就是奇蹟！只要把標準放寬，就能讓雙方都自在！

方排泄吧。因此，一開始先讓幼犬自由地排泄也是一個做法。如此一來，牠不用多久就能固定出自己喜歡的地點，然後飼主就能在那個地點展開廁所訓練。也就是說，在那個牠喜歡的位置鋪上報紙或寵物尿布墊。然後，盡可能擴大鋪設的空間，藉此讓狗狗排泄失敗的可能性降到最低。例如，狗狗若是習慣在浴室前面排泄，就鋪滿整個洗手間（日本家庭的浴室通常會連著洗手間，即脫衣間）；如果習慣排泄在客廳的一角，就鋪滿那個角落。這麼做之後，幼犬便能確實在鋪設的物品上排泄，也同時會記住「廁所就是這種東西」。

等牠瞭解到必須要在鋪了報紙或寵物尿布墊的地方才能排泄後，就等同於超越了廁所訓練中最艱難的部分了。之後再慢慢縮小範圍、移動地點，讓廁所狀況接近飼主屬意的狀態吧。

『啊～停不下來～』

身體自己動作了……這難道就是所謂的本能？

這世界上，裝有「開關」的狗狗非常多。對滾動的球產生反應的狗狗、看到容易啃咬的布偶就啟動開關的狗狗、一給牠最愛的狗骨頭零食（亦稱潔牙骨）就出現開關反應的狗狗等，能啟動狗狗開關的對象五花八門。另外有些狗狗會對遠方救護車或消防車鳴笛的聲響產生反應而啟動開關，但當中也有些狗狗完全看不出哪些事物才是牠的開關。

這些狗狗們只要對某些事物啟動過一次開關，便會沉迷在牠們各自鍾愛的特定行動裡。牠們的沉迷程度，甚至專注到眼裡看不見飼主的存在，或是耳朵聽不進任何聲音。這種飼主無法控制住愛犬的狀態，是非常危險的。飼主與愛犬之間必須建構出「即使愛犬的開關被開啟，飼主仍然能夠立刻制止牠」的關係，這一點非常重要。如果是專業訓犬師，會知道各種關閉開關的方法。和愛犬一起努力學習關閉開關的訓練，便能夠改善這個問題。

在裝有開關的狗狗中最需要特別留意的，是專對學步幼兒產生反應的狗狗。這類狗狗大多是中型～大型犬，牠們會對人類幼兒剛開始學走路的那種搖搖晃晃的動作燃起狩獵本能，因而可能會追逐或飛撲過去，或者趨前咬住他。這種情況時千萬不要只是責怪狗狗，而是充分瞭解愛犬性質的飼主平常就應該十分留意愛犬的行動，這一點非常重要。

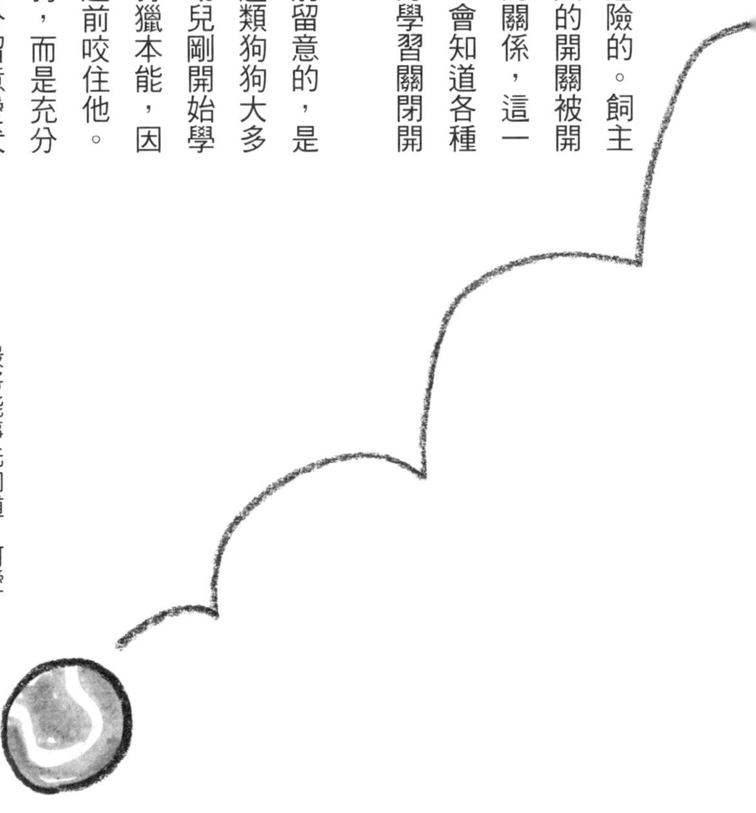

最好能事先知道，可愛的愛犬並沒有我們人類這樣的「理智」發展。

那是因為……
我的開關在不知不覺間自己啟動了

其實，狗狗的開關可以依據犬種或性質大致推敲出來。所謂的「開關」，其實就是狗狗的「本能」。不同犬種所具備的本能也不相同。

會對著呼嘯而過的摩托車或腳踏車高聲狂吠、追逐在後的，是牧羊犬（邊境牧羊犬（Border Collie）、喜樂蒂牧羊犬（Shetland Sheepdog）等）常見的行動。因為摩托車或腳踏車就宛如是從群體中跑出去的家畜。

會追逐滾動的球且會想抓著球猛咬的，以獵捕鼠類或兔子等小動物的狗狗（小獵犬《Terrier》、迷你雪納瑞《Miniature Schnauzer》等）較為顯著。喜歡咬著布偶左右甩動的，即使在獵犬當中，也只常見於會獵殺小動物的犬種（小獵犬《Terrier》、米格魯《Beagle》或迷你臘腸犬《Miniature Dachshund》等獵犬類）。另外，會配合救護車或消防車的鳴笛聲而開始遠吠的狗狗，則大多是群體歸屬意識較強的狗狗（西伯利亞哈士奇《Siberian Husky》等）。

當外人或其他的狗一接近，便立刻發出低鳴聲的「嗚——」來保護最愛的狗骨頭的，是佔有慾較強的類型。這與犬種本身無關，幾乎多少都有這種習性。其中也有看不出哪些事物才是開關的狗狗。牠們當中，有許多的開關是「不安」。追逐自己的尾巴、轉圈式地繞著跑、不停地舔自己的前腳等行動，皆常見於焦慮不安感較強的狗狗。

「遠吠」有和同伴傳遞訊息的意思，野生的狼經常會這麼做。和狼在血統上比較接近的西伯利亞哈士奇也經常會遠吠。

想知道更多的
狗狗情報

——狗狗討厭的事——

不舒適指數：

口鼻部

沒有相當權限就不可以觸摸的地方

狗狗是心思很細膩的動物。被飼主等內心認可的人撫摸時會感覺愉悅，但與他人接觸時卻表現出謹慎的態度。

例如口鼻部。是指前額和鼻子連結處，即從眼睛到鼻頭處的口鼻部位，這也是狗媽媽責備幼犬時會用前腳按住幼犬的位置，只有可信賴的對象才可碰觸的重要部位。

有些人會撫摸狗狗的頭部，但其實從頭上伸出手的行為也是ＮＧ的。因為這個舉動會讓狗狗感到威脅和壓迫，如果彼此沒有信賴關係，甚至會讓狗狗覺得「害怕」或「你要幹什麼！」。伸出的手要從下方，這是與狗狗互動的基本。

不舒適指數：

醫院

醫院的印象太糟糕？要是有創傷就更困難了

沒有任何一隻狗狗是從一開始就討厭醫院的。牠們都是因每次前往醫院就會發生害怕或疼痛的事件，這種經驗反覆出現，才會越來越討厭醫院。要是曾發生過跟醫院有關的任何創傷性的經歷，便更難喜歡醫院。發抖害怕、低聲叫不停、顫牙不已，各種狗狗的恐懼症狀逐一顯現。

討厭醫院的情形是因狗狗個別的經驗所形成。換言之，只要飼主多下點功夫，也能夠讓狗狗克服害怕醫院的心理。飼主也可求助醫院的人員，讓狗狗知道去醫院會發生哪些好事、會有哪些人疼愛自己，把對醫院的印象轉換一下吧。

不舒適指數：

沒有讚美的訓練

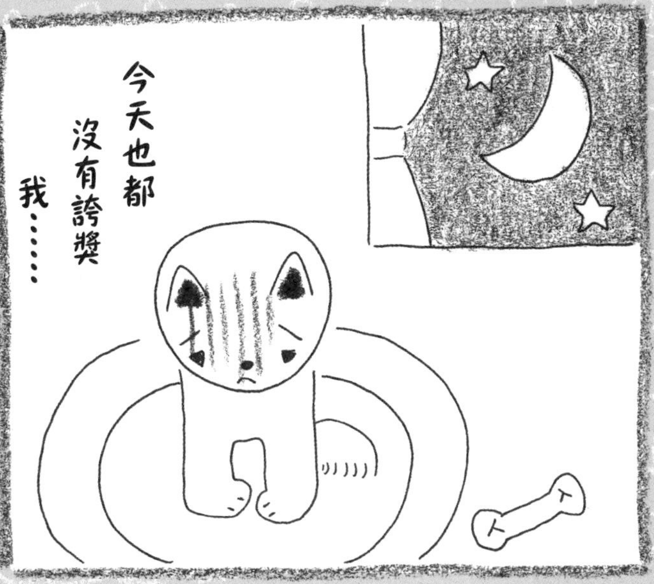

健康順服的成長，是從稱讚中發展出來的

訓練，算是狗狗的工作之一。因為和人類一同生活，只有這一點是希望狗狗能好好掌握的「施予&接受」。但站在狗狗的立場來看，並沒有義務感驅使自己應該要接受訓練。狗狗們全都是因為有飼主的獎勵，才會努力接受訓練。

獎勵，一開始可以先從小點心或玩具等具體易懂的物品導入，等到和愛犬在精神方面也達成連結後，再用誇讚的用語及愛撫充分地獎勵牠。只有善於讚美，訓練結果才會好。若是沒有讚美，狗狗感受不到任何喜悅，只會覺得訓練非常厭倦煩悶。

不舒適指數：

看家

你是「閻王不在，小鬼鬧翻天」的類型？還是「對孤獨抱持悲觀態度」的類型？

狗狗的性格各有不同。有個性比較堅強、對獨自看家泰然自若，也有不擅獨處的。個性堅強的狗狗無論是酷熱或嚴寒，只要有舒適休憩的場所和充足新鮮的水，就能短時間獨立看家。飼主也比較放心。牠可能還認為正好可以「趁機」調皮一下，或者感覺難得有餘裕可以享受一個人的時光呢。

另一方面，有些不擅長獨處的狗狗，在獨自看家這種沒什麼大不了的狀況下，可能會狂鳴不已……。如此一來，狗狗本身會神經衰弱，是很嚴重的事。所以千萬別認為是即興表演，在演變成這種情形前，做出相關的因應是非常重要的。

不舒適指數：

散步中的打招呼

也有些對象是你無法漫不經心地說出「午安」的！

狗狗原本就是對於不熟悉的對象會抱持警戒的動物，大部分的狗狗都隨時隨地保持著警戒心。初次見面的場合下，無論是哪隻狗狗，都必須一邊觀察對方一邊與牠互動。經驗豐富的狗狗，會在這個時候快速且順利地傳達出訊息，然後和對方打招呼，但是經驗較少的幼犬等，可能會對不熟悉的對象也毫不避諱地接近，而因此被「汪！」地斥責了。

有許多友善的狗狗會在散步途中期待和親密的狗狗朋友打招呼，所以不是讓牠盲目地和其他狗狗接觸，而是要看著對方再互動。

不舒適指數：

騎摩托車前來的那個人

只要吠叫就會退散！
或許正進行著有趣的遊戲呢～

有些狗狗平常乖巧聽話，也不會對前來的客人吠叫，卻唯獨對騎摩托車前來的郵差或送報員吠個不停。不過，依據理由不同，狗狗不舒適的指數卻有天壤之別。

家人之中如果沒有人騎摩托車，狗狗或許會對戴著安全帽的模樣感覺不熟悉而抱持警戒，才會不停吠叫。這應該是充滿恐懼感，非常不舒服的吧。

但也可能是因為看到有人踏進自家的建地內，使狗狗燃起了領土意識才開始吠叫。因為能夠立刻驅趕他們，所以在稍微不舒適的感覺之後，大概也能獲得某種成就感吧。

Part.

2

觀察你的正確方法

『要不要教你社會的規範呢？』

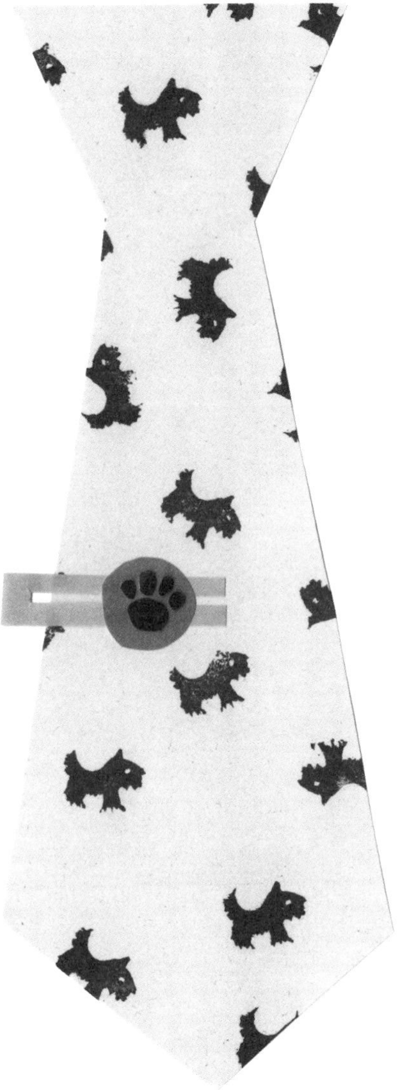

不知道如何和其他狗遊玩的狗狗意外地多。與其突然帶牠去寵物遊樂場（Dog Run）遊玩，不妨讓牠先從和意氣相投的狗同伴親密互動開始吧。

我已經不是「幼犬」了！能夠快一點教我嗎？

狗狗是社會性很高的動物。從有血緣的親屬開始，是能夠與其他狗狗、不同人種，甚至是其他動物都相處融洽的生物。正因如此，狗狗從一萬多年前起，便已經與人類一同生活了。

然而，若試著觀察自然界的狼或野生的狗，會發現牠們雖然能和有血緣的親屬或同伴相處融洽，卻不認為牠們能夠和我們人類有良好的關係。牠們和家犬到底有哪些地方不一樣呢？那就是，牠們是否有確實從飼主那裡學習到在人類社會的生活方式以及禮儀。

狗狗和人一樣，在學習到「社會」之後成長。人類的情形，是在父母的呵護下度過學生生活，出社會後才展開社會學習。然而狗狗的情形，卻是在幼犬時期中的某個特定期間進行社會學習。由父母教導牠基本的規矩，然後從和兄弟犬遊玩的過程中記住與狗狗互動的方式，接著再藉由和人接觸學習到依附人類生活的技巧。其他還包括初次見到的物品、耳朵聽見的聲音、觸感或振動等，努力吸收一切和我們共同生活所需要的各種事物，牠們有這種健康發展的時期，稱為「社會化期」。

幼犬的社會化期非常重要。如果錯過這個時期，會很容易對新的事物感到壓力，難以適應。儘管如此，在教導愛犬社會化期沒有學到的事物時，千萬別著急，讓牠一點一點學會即可。

『這……會永遠持續下去嗎？』

只有現在而已啦……請睜一隻眼閉一隻眼，不要這麼計較嘛！

恐怕有很多飼主對於幼犬的啃咬習性困擾不已吧。牠們偏好穿過的拖鞋、鞋子、桌腳、家具的邊角等。其中，似乎特別喜歡眼鏡的觸感，有些狗狗還會特地伸長前腳把桌上的眼鏡勾到身邊，然後不停地啃咬。據說這位飼主在僅僅半年之內重新配了三副眼鏡。

幼犬像這樣啃咬物品的情形，可能是因乳牙更換造成牙齒發癢所致。這時候對牠說「不可以咬！」是沒用的。不妨換個方式，對牠說「可以咬喔！」並把牠專用的玩具遞給牠，讓牠能盡情地咬。繩子或狗骨頭零食都是牠們喜歡的物品，不過每隻狗狗的喜好各有不同，也

有句話說「孩童的工作就是玩」，若把這句話套用在狗狗身上，則是「狗狗的工作就是啃咬」。長大後「遊玩＝啃咬」的行為自然會減少。

有些狗狗偏愛舊毛巾或布偶。另外，啃咬力道較強的狗狗，會在很短的時間內弄壞玩具，因此若能夠把家裡的物品稍微加工處理，可以減輕金錢上的負擔。

另外一個常見的困擾是撒嬌式的啃咬。處理幼犬輕輕啃咬人類手的問題時，可以從狗狗之間的教育獲得靈感。幼犬如果一直咬個不停，狗媽媽會用「嗚！」的低鳴聲責罵牠，兄弟犬也會覺得討厭而不跟牠一起玩。人類也一樣，若是被幼犬撒嬌般地咬了，立刻停止跟牠玩才是最好的處理方法。不要一面罵牠一面彈牠的鼻頭或是按住牠的口鼻部，以免反而煽動牠出現啃咬習性。

『終於感到放心了嗎？』

是啊，跟你緊貼在一起能讓我非常放鬆呢！

幼犬剛到我家時，驚恐與緊張的情緒讓牠的眼睛瞪得好圓，單獨蹲在一旁非常嬌小。然而，每隻幼犬經歷過飼主的溫暖呵護，便逐漸學習到這是可以放心的場所。只要留意觀察，將會發現是由幼犬主動依偎在飼主身邊，輕輕地把身體靠過去，安穩地熟睡起來。

幼犬們本來是緊貼著兄弟犬入睡。把身體的某部分緊貼著喜歡的對象或可信賴的對象，是對狗狗來說能夠放心的舉動。如果開始緊貼著飼主入睡，便是認同飼主是「喜歡的對象、可信賴的對象」的證明。

狗狗感覺不安的時候也會有這種表現，會想

讓身體緊貼著什麼，但牠們不會像人類那樣緊緊抱住對方，只會讓背部或臀部等身體局部輕輕靠著而已。難道狗狗是有所顧慮嗎？

不是。對狗狗而言，把背部挨近某處是牠感覺到最放心的姿勢了。在自然界中，背部是最沒有防備的部位。把這個部位託付給可信賴的對象，就像是背後擁有了盾牌一樣。如果是這個姿勢，正面的前方就會空出來，要是有緊急事件突發也能立即逃脫出去，是可以放心的姿勢。決不是要背對著你。另外，不是以背部靠近，而是臀部稍微搭上來，也是相同的意思。

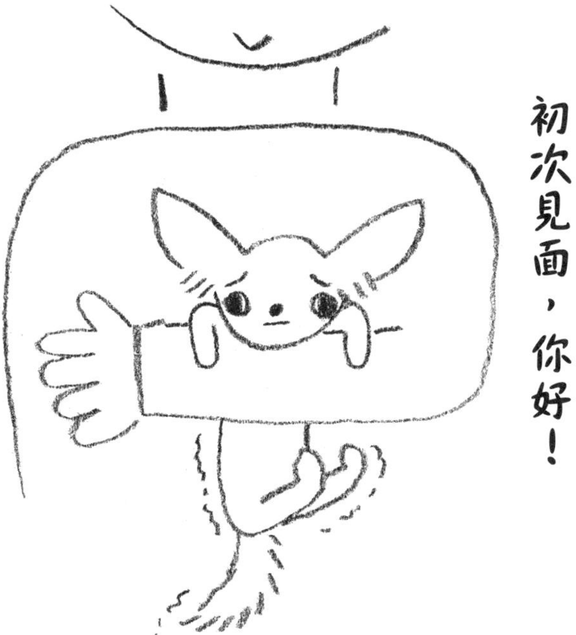

有些狗狗會立刻纏著飼主要求抱抱，除了從抱抱中能獲得與飼主緊密接觸的安心感外，也能在被抱起後感覺到身處高處的優越感。

『真是超興奮的呢！』

情緒高漲，說什麼都停不下來呢～

第一次兜風，對幼犬來說是緊張的大遊行。車中的振動、聲響，以及車子的移動，全部都是未知的世界。暈車嘔吐的幼犬不在少數。不過大部分都會立刻習慣而開始享受兜風的樂趣。

如果一直無法習慣，則必須先回顧自己的開車方式。是否是在不知不覺間粗暴地駕車呢？狗狗的體重比人類輕，難以預知轉彎或彎道的動作，所以似乎比較容易暈車。牠們也不太喜歡突然前進或突然煞車。請時時留心、緩慢駕車。利用狗狗專用的安全帶等物品固定住牠的身體，也可以防止暈車。

在安全方面的顧慮上，安全帶是非常重要的。無論是多麼乖巧的狗狗仍然會有衝動的性格，要是某個時間突然在車內亂鬧起來，或者玩得太過火，都可能會妨礙到駕駛。實際上，因愛犬太興奮而誤轉方向盤，進而引起交通事故的案例不在少數。

另外，有些狗狗會把臉伸出車窗舒服地吹風，但這其實是危險行為。因為狗狗說不定會在彎道處被甩到車外，或是自己跳出去。因此開車的時候，為了確保狗狗和人雙方的安全，不妨將狗狗放入籠子內或是幫牠戴上狗狗專用的安全帶吧。

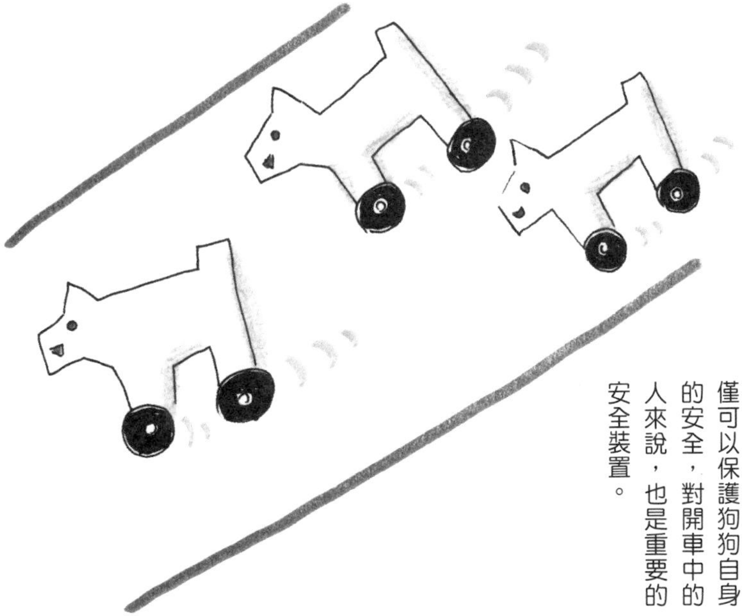

狗狗專用的安全帶不僅可以保護狗狗自身的安全，對開車中的人來說，也是重要的安全裝置。

『該不會……是裝睡？』

什麼！被識破了嗎!? 起來的話會有什麼好事嗎？

望著愛犬的睡臉真是極大的幸福。那張毫無防備又帶著愉悅的睡姿，必定讓人一整天的疲累也消失無蹤了吧。不過，如果打算「趁狗狗睡著未起的時候」吃一點小點心之類的，狗狗應該會迅速地跳起，以發亮的雙眼訴說「好像很好吃耶！給我一點～給我一點嘛～」依偎著飼主。

沒錯，狗狗是不會熟睡的動物。除了幼犬和老犬外，所有的狗狗睡眠都很淺，就算看起來好像睡得很熟，也幾乎只是稍睡一下或閉眼休息而已。反而從人類看來，牠們像是睡得太多般，一天裡幾乎有一大半時間都是躺著度過。

狗狗並非總是忠心正直地對待飼主。一下子裝糊塗、一下子逃避事情、又或是裝睡等等，狗狗也會有各種狡猾的情況。

這是利用躺著的時間長度（量）掩蓋無法熟睡的部分（質）。

不過，如果狗狗是立刻張開雙眼迅速跑上前來的話，儘管是清醒的，仍可能會繼續睡。這就是所謂的「裝睡」。被要求洗澡或刷牙等不喜歡的事情時，許多狗狗會使出裝睡這招。耳朵微微顫動、眼神半睜開地閃過，這就是裝睡的證據。就算叫牠的名字或搖晃牠的身體，牠也可能會繼續裝睡。更高段的狗狗，對於不感興趣的事物會確實貫徹裝睡的本事，一聽到「點心」或「散步」等用語，才終於把懶洋洋的腰挺起來。可別以為「狗狗難道不都是忠實的嗎？」而驚訝不已。牠們也有這樣像人的一面呢！

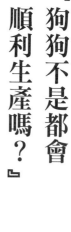

『狗狗不是都會順利生產嗎？』

雖然是有小寶寶，但這實在是相當累人啊！

狗狗自古以來皆作為順產徵兆而聞名。這是因為牠們在分娩上比較敏捷俐落，而且一次可以分娩出許多小狗。人類的孕婦們也會仿效狗狗，在懷孕第5個月的「戌日」綁上期望順利生產的腹帶，某些地區甚至還有贈送孕婦紙糊狗的習俗。

不過實際上，狗狗的分娩沒有那麼簡單。懷孕過程中，身體和精神都很不穩定，而且分娩前也有相當痛苦的陣痛。若是不熟悉的人，陣痛甚至是在毫未發覺的安靜狀態下開始，然後間隔逐漸縮短、疼痛變強、呼吸加速。就算終於抵達分娩的階段，也不保證下一隻幼犬一定體型較小的狗狗，每次生產的隻數有偏少的傾向。尤其是逐漸小型化的犬種，這種傾向越顯著。

會在5分鐘後出來，有時候甚至有超過2小時休憩後又再次分娩的馬拉松生產。

而且，難產的情形也不在少數。像短頭犬種（哈巴狗《Pug》、西施犬《Shin Tzu》、北京狗《Pekingese》等）這種頭部較大的狗狗，或是超小型犬（吉娃娃《Chihuahua》、約克夏㹴《Yorkshire Terrier》等）的分娩尤其精細，有時候甚至有母子性命攸關的情形。另外，即使是相同犬種，身體較小的狗狗分娩時會比身體大的更困難，生出的頭數也有減少的傾向。為避免危急狀況，與獸醫合作接生是很必要的。

像這樣的分娩，是連老經驗的飼養員都會慎重對待的一大事件。如果是讓牠在家裡分娩，則必須要充分評估、考慮狗狗的負擔。

『我幫你裝得滿滿的，引起你的食欲了吧？』

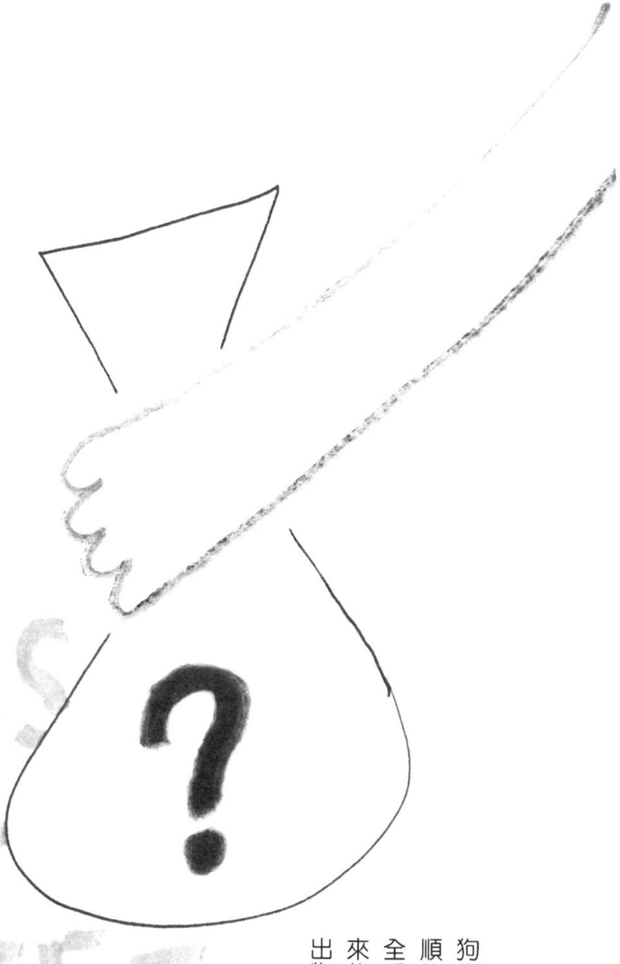

狗狗感覺功能的第一順位是嗅覺。即使完全看不見食物，飄過來的香味依然能誘發出狗狗的食欲。

為什麼人類能從外觀知道好吃呢？

在散步途中遇到的、某些狗狗們的對話。

狗狗Ａ「昨晚，我家媽媽幫我做了非常好吃的晚餐喔！」

狗狗Ｂ「真好～。是怎樣的晚餐呢？」

狗狗Ａ「是這樣的～晚餐。」

狗狗Ｂ「哇！真的耶！看起來超好吃的！」

狗狗Ｂ究竟是怎麼知道昨晚的晚餐很好吃呢……？答案就是：糞便。透過聞嗅狗狗Ａ糞便的氣味，狗狗Ｂ的腦海中便能清晰地浮現出狗狗Ａ昨天晚餐的模樣。

就像這樣，狗狗們主要透過嗅覺，「品嚐」每天「好像很好吃」或者「嗯～，不怎麼樣」的餐點。因此，對於講究餐點、有點挑食的狗狗，反而可以利用牠們這種憑藉氣味品嚐的特有習性。飼主可以試著不要攪動已經準備好的食物，然後只要在上面輕輕撒上一點香氣洋溢的狗用香鬆就行了。愛犬一定會非常開心。

另一方面，狗狗對於外觀看起來的美味絲毫不會在意。說不定另外哪天會出現以下的對話。

狗狗Ａ「昨晚，我家媽媽幫我裝了好滿、好豐盛的晚餐喔！」

狗狗Ｂ「是喔～真好耶～。那味道怎麼樣呢？」

狗狗Ａ「嗯～，普通……。」

狗狗Ｂ「真的嗎!?（嗅～嗅～）嗯，真的是耶！」

狗狗多變的表現方式

狗狗們很擅於催促。絕大多數的確是以狗狗的態度表現，但即使是狗狗，也一樣各有各的特色。其中也有具備獨特魅力的狗狗呢。

CASE-1

肚子餓了就喋喋不休

催促著想吃飯而發出「咕——」的叫聲後，哇！飯被端了出來！就這樣，之後便在不知不覺間，一到吃飯的時間就會發出「喔～哇～嗚～（吃～飯～啦～）」的叫聲。

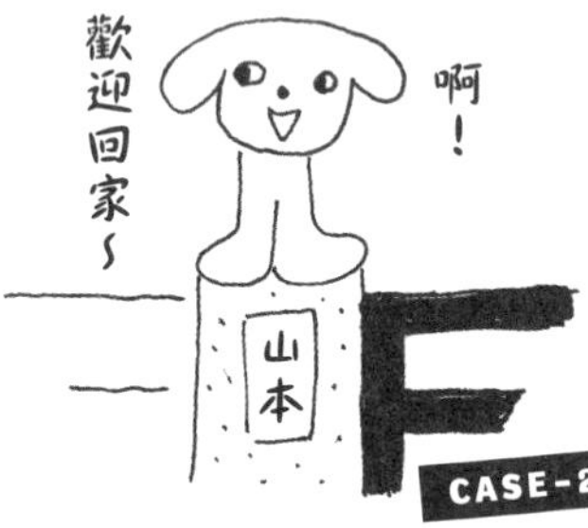

CASE-2

在門柱上等候飼主回來

大概是一心期待快一點見到主人吧？只要一到最愛的飼主即將回到家的時間，愛犬就爬上大門的門柱，鎮座在上面等待飼主回來。

CASE-3

已經到「這個」的時間了吧？

只要一到散步的時間，便表現出坐立難安模樣的狗狗非常多，甚至還有些會把項圈和狗鍊銜到飼主面前呢。

『正在駕車的感覺嗎？』

一坐上車，
自然想被風吹拂

只要坐進車裡，自然而然地，總是會把臉伸出車窗外。就像是自己正駕著車一般洋洋得意，一幕一幕閃過眼前的景色，以及被風吹拂著的兜風時光。目光被景色吸引的心情我完全能體會，但請盡量乖乖地坐在副駕駛座喔。

『正在顧店的狗狗，你好啊～』

我真喜歡小麥的美好香氣，

以及溫柔呼喚我的聲音！

待在店門前，不只會看到平常常來的客人，也很期待能和好友犬相遇。因為，可以一起拿到好吃的小點心嘛～！

『今天也一起外出冒險＝散步吧！』

每天都能和認識的人、不認識的人、奇妙的事物以及新穎的氣味相遇喔！

對狗狗而言，散步路線是收集資訊的場所。大概透過聞嗅氣味，思考「牠今天似乎也挺有精神的～」、「嗯，有新來的狗走過這條路！」吧。當然，也是用氣味來記住每天溫柔接待自己的每位鄰居。對狗狗們來說，散步是個小小冒險呢。

『你要吃一點嗎？』

嗅嗅——？但是這個沒有飄散出餐點的味道耶！

對狗狗而言，「好像很好吃」的標準似乎和氣味有密不可分的關聯。甚至有些狗狗會在散步途中聞嗅氣味，然後把認為「這個好像可以吃耶!?」的東西撿起來吃掉。為了避免牠們養成這習慣，請在牠們做出這舉動的當下禁止牠們。

生ビール
お酒
酎ハイ

『又開始在拉扯了』

我們沒有打算把它扯到撕破才鬆口喔

實在是阻止不了！這幾隻打開開關的狗狗。狗狗有時候會對人們認為「為什麼會喜歡這樣的東西？」的物品表現出令人驚訝的執著。有時候是報紙，有時候是毛巾……。是因為牙齒的觸感很好嗎？要從牠們口中奪走真是極其困難。

『拜託你，要乾乾淨淨地進屋子喔！』

我打算洗完後先在土上玩耍耶……

您是否也有幫愛犬洗得乾乾淨淨後，牠立刻在屋外打滾，弄得髒兮兮的經驗呢？狗狗本身並不是惡意這麼做，而是對氣味改變非常敏感。不過，似乎也有些狗狗樂於看見飼主氣急敗壞、手忙腳亂的模樣。

『老是在休息！』

差不多可以抱我了嗎？

與「狗喜歡散步」這個常識背道而馳的狗狗意外地多。讓討厭散步的狗狗散步，便宛如是一項勞動。雖然身為飼主想要讓牠多運動，但牠偏偏不走、不前進、不動。最後只得抱著牠回家。不過，這對狗狗來說也是散步的一環喔！

seventeen ice
KIRIN
贅沢な美味しさ
SPECIAL
SELECTION
FIRE
0120-883-065

『要喝一口嗎？』

也請給我喝一口吧！

狗狗對人類的行動模式，比人們所想像的記得更清楚。牠們會先到飼主平常坐著休息的地方等候。看著牠們宛如訴說著「要在這裡休息對吧？」的表情，著實令人吃驚呢。

『很害怕嗎？很開心嗎？』

牠們是叫什麼名字的狗啊……？

對於初次見面的生物，是感到困惑不解？還是興奮難耐呢？若是耳朵朝前方伸出且尾巴高聳立起，便是極感興趣的證明喔！

『等一下喔』

我的口水已經不停地流下來了啦。不過，如果只要等一下下，我會努力的！

狗狗能夠忍著不吃最喜愛的點心，是因為更深愛飼主的緣故。透過飼主付出的愛，能飼養出學會多種技藝的狗狗或者對任何人都十分友善的狗狗喔。

『來，坐在前面吧』

隨著微風，
傳來了各式各樣的氣味呢～

蹲坐在自行車車籃裡的狗狗。經常能看見從高於平常高度的位置眺望景色，或是對感覺到的氣味表現出歡喜神情的狗狗。而且，也略帶著沉浸在稍微由上往下望的這股「優越感」的模樣呢。

『你找了個能放心的位置呢！』

請別這樣盯著我看。我是很害羞的～

和人類一樣，狗狗的性格也千變萬化。並非全都是能和其他狗狗打成一片的個性。不過，強行要求牠或責罵牠要和其他狗狗友好，將會得到反效果。如果牠輕輕地把身體貼近飼主，或是把背部緊靠著飼主，就是完全信任飼主的證據。請好好地守護著牠吧。

『哪一隻是真的？』

嗯？我自己也以為牠們是我的同伴呢

馬克杯或擺飾等，一留神便發現自己成了收集「狗狗物品」的狗狗愛好者。由於大多是收集神似愛犬的物品，所以偶爾可能連飼主自己都會搞錯，仔細看才發現「嗯 !? 我還以為這是真的」等情形呢。

『有感覺到季節的掉落物嗎？』

我都是從地面感覺土壤和季節喔！

提起散步，有些狗狗秋季會想去落葉滿地的山中，夏季會想進入令人屏息般的綠色竹林。然後，讓鼻子長時間處於這個環境下，沉浸在這樣的氣味中。這也是狗狗的樂趣之一。請陪著牠享受這時光吧。

#『朋友來了唷！』

尾巴幾乎搖斷般興奮呢！

狗狗的尾巴比嘴巴更會表達。一旦遇到了開心的、有趣的事，尾巴便大力地左右搖晃到幾乎要搖斷一樣。不只是對待人類如此，也會出現在見到狗同伴的時候。

『因為已是多年熟悉的夥伴』

我也能預測你接下來的行動喔！

即使年紀漸長、越來越不容易記得新的事物，唯獨與飼主多年相伴的情感是決不會忘記的。因為一直以來都是全心全意地持續看著飼主的一舉一動。

『午睡總是在固定位置呢~』

翻身時請多多留意喔！

能感覺愛犬對飼主完全信賴的瞬間之一，包括狗狗的睡相。露出小肚子宛如人一般的睡姿，真是可愛倍增。

『想挨近我是吧～』

總之想要你抱著我啦～

特別是小型犬，其根源來自「懷抱犬」的類型居多，所以喜歡被抱著的似乎也非常多。毫無防備地在飼主懷中打起瞌睡……，這樣的事也經常發生呢！

SALT WATER
LIFE BECOMES REAL
No limit to
EST.1934

『我們會一直在一起喔！』

夢想著哪一天能站上舞台喔～

俗話說，貓是居家型的，那狗狗呢！？如果是要牠看家，「想要跟飼主在一起」應該才是牠真正的想法吧。只要是和你在一起，無論是前往何方，即使是全國巡迴……。

『我只是盯著瞧瞧而已』

又圓又黑的眼睛很可愛吧？

提到狗狗的魅力點，應該什麼都比不上牠那靈活有神的圓眼睛吧。一直盯著牠圓滾滾的黑眼珠，最後，牠會用眼神讓你有「……要不要給牠吃一點什麼小點心啊」的心情喔。

『是在找什麼東西嗎？』

等一下喔！我正在挖東西～

像是發現什麼寶物般專心挖洞的狗狗。其中似乎把小點心藏在裡面，或是鑽進洞穴裡睡覺的狗狗。對狗狗來說，洞穴是能夠讓心靈休息的場所呢。

『你是如何看待人類的世界呢？』

總之，請你試著蹲下來看看如何 !?

很明顯的，狗狗在視覺方面沒有那麼傑出。不過，牠們用嗅覺或動體視力感受，掩蓋了視覺不足的問題。狗狗不僅用眼睛看人類的世界，或許可說牠們是以「五感」這令人驚豔的眼光「觀察」呢。

『全部同步？』

我們是親子嘛～

飼養多隻狗狗的家庭或許經常會出現這樣的場景：全部一起做同樣的動作。是偶然？還是因為血脈相連……？這情形不只出現在狗狗彼此身上，也可能會有和飼主動作一致的情形。有時也會出現以相同姿勢睡覺等情形呢。

Special Thanks！

（出現在寫真頁的狗狗名）
アディ　あんず　うみ　エクレア　クール　シンピー
ジャッキー　たま　ダッフィー　チャーリー　テト　デコ
テリー　ハル　ビッキー　ベアン　マスク　マロン
マージュ　ミニー　ミルク　ムギ　モモ　結　雷　リラ

○浅草木馬館大衆劇場　東京都台東区浅草2-7-5
○カフェむつみ　東京都台東区雷門1-9-2
○藤衣　東京都台東区浅草2-7-13
○Pelican 東京都台東区寿4-7-4
○近江飛翔劇団

『沒有明顯地情緒低落嗎？』

因為，穿的時候會束縛住腿部，很不舒服嘛！

某位前來日本的外國朋友表示，日本最有趣的，是穿著衣服的狗狗們。只要一在街上看到時髦裝扮的狗狗，就會開心地拍下牠們的照片。問他為什麼？原來在他們的國家，從來不會想到為狗狗穿上衣服。當然，狗狗穿衣服並非日本獨有的現象，甚至也有其他國家比日本更熱衷於為狗狗打扮。然而，站在世界的角度看，仍然屬於是難得的文化。

人類有各種豐富多樣的文化，那狗狗又是如何？狗狗的世界中沒有那麼多國情差異，從歷史角度觀察，基本上也沒有穿衣服的文化。因此剛開始幫狗狗穿衣服時，不管是哪隻狗都會

確實不太開心呢！

走動時會發出嘶沙嘶沙聲音的雨衣，或是把腿部周圍束得緊緊的長袖服裝等，都是狗狗不喜歡的類型。材質感和設計都很重要。

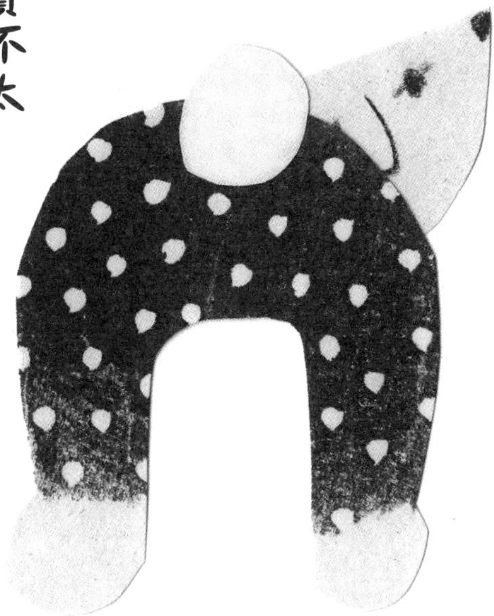

感覺有點不適。其中，應該也有非常討厭穿衣服而不停抵抗的狗狗吧。儘管如此，大多數的狗狗還是會因為這是喜愛的飼主的要求而屈服……，不過，當然也有些會持續抗爭、堅持不穿。

幫愛犬穿衣服的重點是，從一開始就不要勉強牠穿，先用披風蓋著或讓牠觸碰到衣服的方式，慢慢地讓牠習慣。另外，走動時會發出嘶沙嘶沙聲音的雨衣，或是容易引起靜電的材質，都不適合給還不習慣穿衣服的初學狗。請先從比較不會不舒服的背心或Ｔ恤嘗試。雖然幫狗穿衣服有贊成和反對兩種論調，不過仍有具冷卻效果材質、防紫外線材質、或是戶外風系列等強調功能性的服飾。

『吃得多，就是健康的證明……』

最近，身體好像變重許多你有發現這變化嗎？

這是某天發生的事。路上迎面走來一位年長的婦女。她稍微有點福態，每走一步，身體也跟著往右往左搖晃。然後，身旁有個不知名的圓滾滾物體也跟著一起搖搖晃晃走來。逐漸走近後，終於看出她身旁圓滾滾的物體，原來是隻狗。沒想到竟是身體胖嘟嘟、脖子和臉頰都胖到隱藏不見的西伯利亞哈士奇（Siberian Husky）。牠和飼主一樣，邊搖晃著身體邊行走。完全看不出哈士奇的外型。牠究竟是為什麼會變成這圓滾滾的模樣呢？

最大的原因，可舉出「狗狗和飼主相似」這通俗的說法。狗狗無法自己控制飲食。也就是

狗狗具有把眼前食物一直吃，直到感覺到飽的習性，這是狼時代所流傳下來以狩獵方式捕殺獵物時才能把沒吃飽的飢餓空間一併填滿的習性。只要給牠吃，牠就一定會吃掉。

說，飼主的飲食生活感覺會原封不動地反映在愛犬身上。如果飼主很胖，狗狗也會很胖，這在某種意義上是必然的結果。尤其是食慾旺盛的犬種，只要餵食牠就會吃，這時，愛吃的飼主也會一起感受到愛犬吃東西的喜悅，所以很容易給予牠過量的食物。

任何狗狗的理想體型都是腹部緊緻的纖瘦型。稍微有點胖、有點肉肉的模樣雖然會被說「很可愛」，但這種可愛其實是很危險的。肥胖會引發許多疾病，請多留意！

『明明是散步，你不想走路嗎？』

也是可以用走的啦～
只是你一抱我我就不知不覺……

在中世紀歐洲的貴婦人們，以及在日本江戶時代上流社會的女性們，曾有把狗狗當成吉祥物寵愛的流行。這些女性總是抱著體型小又乖巧的狗狗生活，因此歐洲繪畫和畫卷經常出現女性抱狗的姿態，現代的我們也能因此得知當時的模樣。

沒錯，「懷抱犬」的歷史非常悠久。因此，如果換個角度看，應該也能說抱著狗狗散步的人其實是非常傳統的。在狗狗方面，繼承了「懷抱犬」DNA的犬種，比方說瑪爾濟斯（Maltese）、比熊犬（Bichon Fris　）、西施犬（Shin Tzu）或北京狗（Pekingese）等，應該也根深蒂固地認為被抱著是理所當然的吧。會購買「懷抱犬」的人，在選擇這類犬種時，也正是因為能從中感覺到彼此的需求互相契合。儘管如此，還是會擔心「懷抱犬」有缺乏運動的問題。而且一旦被抱到比較高的位置，就好像會變得比較驕傲。如果想把愛犬教養成健康又謙虛的狗狗，必須要極力避免養成懷抱習慣。

大多數的「懷抱犬」都是因習慣而養成。例如，把散步途中不想再走的狗狗抱在懷中帶回家，狗狗便會學習到「只要坐下來主人就會來抱我」、「能夠很輕鬆不用走」、「可以跟主人撒嬌」等，進而重複出現這個行為。讓「抱在懷中」成為偶爾出現的獎勵，不要變成習慣，這一點很重要喔。

如果無論如何都想讓「懷抱犬」自己行走，則千萬不能勉強地拉狗鍊強迫牠。帶著牠玩耍、溫柔地鼓勵牠，讓牠自己有想走的心是很重要的。

『唉呀!!波奇，不是告訴過你不可以這樣嗎!!』

啊……主人又說波奇了這次又在生什麼氣啊？

每年，寵物業界的民間公司都會進行各式各樣的問卷調查，發表當年「狗狗命名」的排行榜。牠們的命名有時會反映時事，或是受到人氣藝人的影響等，是愛狗界有趣的慣例活動。經典人氣名稱是COCO、MOMO等。巧克力、可可亞、摩卡、馬隆等感覺甜蜜美味的名稱也維持著不敗的高人氣。

對狗狗來說，名字應該是可以從飼主那裡得到開心禮物的……，但是其中也有不喜歡自己名字的狗狗。牠們都是只在被叫住名字時會挨罵或被指責不行的狗狗們。

斥責狗狗時有一鐵則。那就是「不要叫出狗

狗的名字」。因為我們往往會不自覺地叫出牠們的名字後才把想說的話說出來。但是，只有人類會以「○○，不可以！」或「××，快住手！」的責備方式傳達意見，這對狗狗來說是會得到反效果的。狗狗知道的單字很少，因此對牠們說話時，用語的使用方式極為重要。具體來說，責備時可說「NO！」或「不行！」，誇獎時可說「好孩子」或「乖孩子」等，依狀況使用單字。另外，生氣時用低音，誇獎時用高音，利用聲調的抑揚頓挫也很有效果。讓呼喚名字的行為，只限定在狗狗遵從飼主指示做出好行動的情形吧。

責備時的另一項鐵則是，只責備現行犯。之後才指責抱怨，也只會被當作耳邊風。狗狗會搞不清楚理由，只覺得莫名其妙挨罵了。

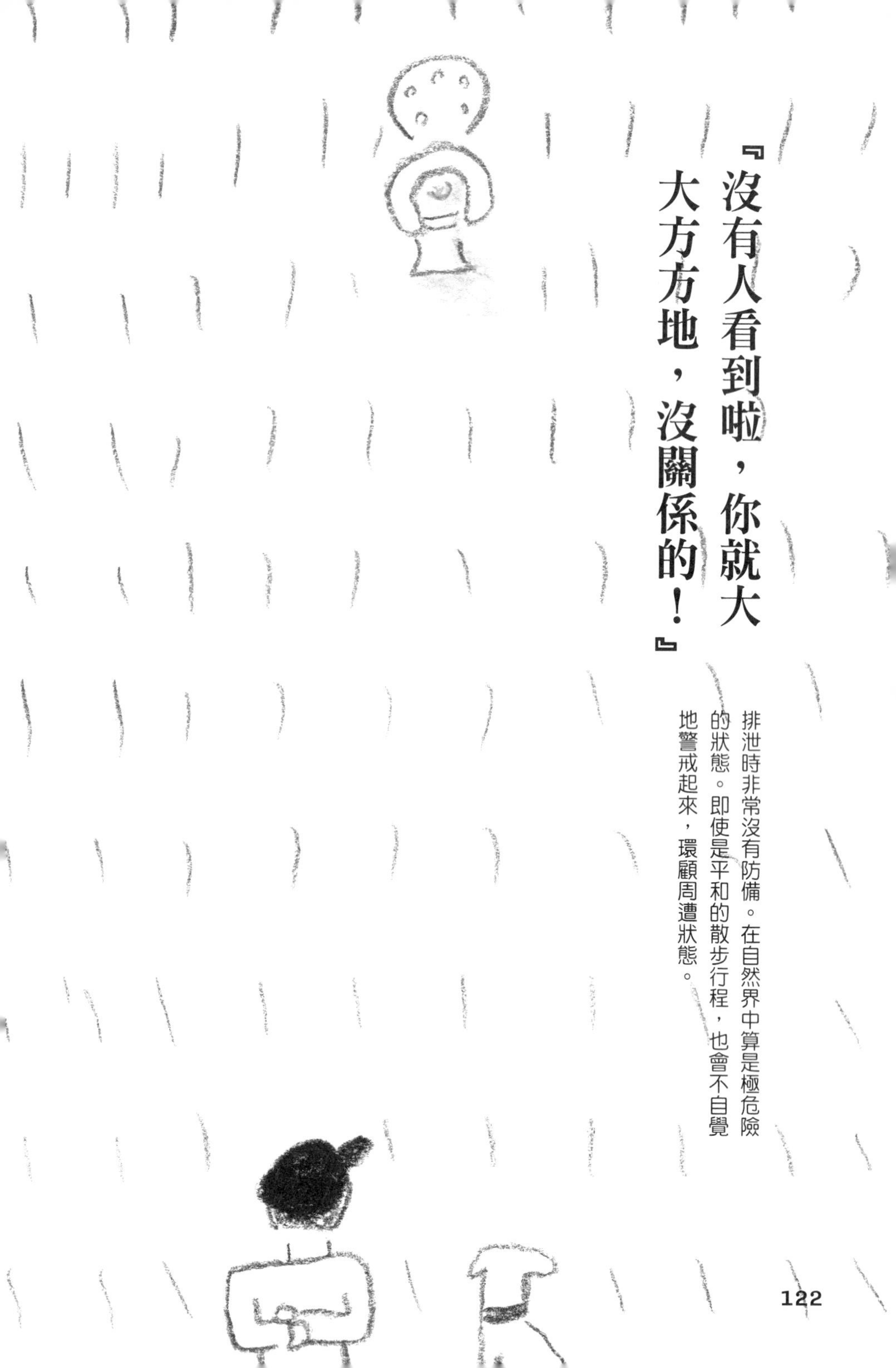

『沒有人看到啦，你就大大方方地，沒關係的！』

排泄時非常沒有防備。在自然界中算是極危險的狀態。即使是平和的散步行程，也會不自覺地警戒起來，環顧周遭狀態。

可是，這裡很寬敞，
總覺得很在意其他狗狗的眼光

美國作家傑佛瑞・麥森（Jeffrey Moussaieff Masson）的著作《Dogs Never Lie About Love》中提到，狗狗似乎能領會出人類表情的意義。狗是學習能力很高的動物，大多時候，牠們能經由「飼主出現這種表情時，就是做這個的時候呢」的經驗學習。即便如此，能夠領會出表情不算豐富的人類所露出的微妙表情變化，足以證明狗狗們的觀察力非常了不起。

另一方面，狗狗們的表情非常豐富。開心的時候，眼神閃閃發亮、開著嘴巴，露出像是笑著的表情；難過的時候，露出沒有精神的落寞神情；寂寞的時候，眼神向上一瞥，傳送出無辜的視線。還有發怒的時候，會怒視著對方、皺起鼻頭、露出獠牙。一看到狗狗的表情或姿態，就能清晰明確地感受到牠的心意。

所以，看到牠在散步時不安地環顧四周，邊顧慮周遭環境邊排便時，不禁感到「你是覺得不好意思嗎？」而笑了出來。不過，狗狗一定是這樣回答的吧：「才沒有不好意思呢！只是這裡這麼寬敞，害我沒辦法安心便便啦」。對狗狗來說，排便中是最無防備的狀態，為了避免外敵襲擊，所以越謹慎的狗狗越會仔細環顧四周喔。

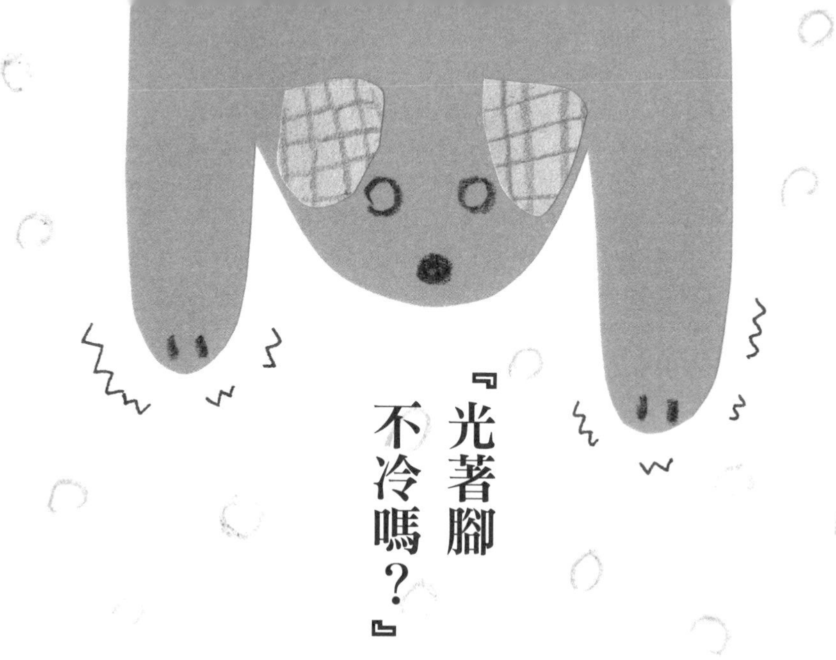

『光著腳不冷嗎？』

腳底偶爾也會涼涼地發冷呢！

狗狗的肉球，英文是以「Pad」表示。通常，具有緩衝性效果的填充物品會稱為Pad，相同的，狗狗腳底的角質層比較厚實，會形成襯墊狀（Pad狀）。因此，熱、冷、硬等人類腳底難以適應的狀況，狗狗的「Pad（即肉球）」都能徹底吸收掉。狗狗們光著腳在外行走，甚至來回走在顛簸不平的砂礫道路上，卻能在任何時刻保護腳遠離各種刺激，都是肉球的功勞。

雖然如此，肉球畢竟也是血肉之軀。在盛夏熱過頭的柏油路上依然會燙傷；走在太冷的冰上也仍然會凍傷；摩擦劇烈時會磨破表皮而滲血；被玻璃等銳利物品刺傷則會流血；太過乾燥時依然會引起龜裂。因此，偶爾也必須幫牠保護肉球本身。

救災現場便是一例。這樣的場所會有許多瓦礫堆、鐵絲、釘子等危險的突起物。因此為了保護狗狗的肉球，會讓在這種場合相當活躍的災害救助犬們穿上堅韌的靴子。這類材質和設計兼具功能性的靴子，以歐美為中心大量販售中。不僅能在這種特殊場景時穿用，日常生活上，行走在凹凸不平的路面時，或是防止燙傷或凍傷時，狗狗用的靴子或襪子也都能大有幫助。

散步後，愛犬腳底不乾淨的狀況下要去親友家拜訪時，只要幫牠的四隻腳穿上襪子，就能無所顧慮了。

『鼻子沒有濕濕的耶！你還好嗎？』

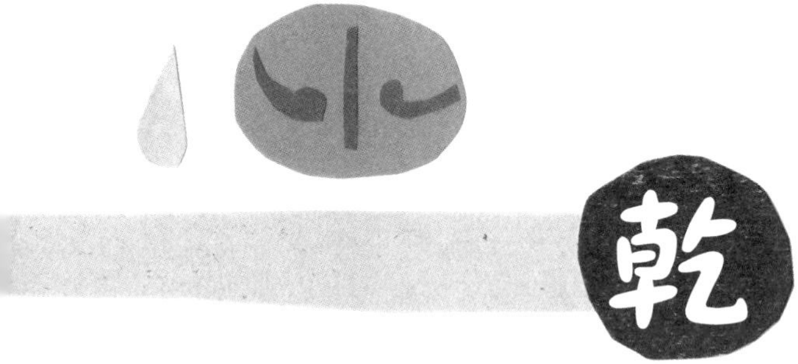

啊？別那麼早下定論！我只是剛睡醒，沒問題啦

據說，狗鼻子如果是濕濕的就表示健康，乾乾的就可能生病了，但鼻子如果太濕潤，其實也是生病。究竟「剛剛好」的濕潤狀態是怎樣的情形呢？

其實鼻子的濕潤狀態每隻狗不見得都一樣。例如鼻子又塌又扁的短頭犬種，由於副鼻腔比較短，有容易流鼻水或打噴嚏的傾向。牠們的鼻子總是因鼻水而發出嘶嘶聲或垂掛著鼻水，有這種症狀的狗狗也不在少數。觸摸這類型狗狗的鼻子時，甚至會有幾近黏膩般的濕潤感覺。

另一方面，如果口鼻部比較長的狗狗老是發

狗狗的鼻子一直很乾時，有可能是發燒了。假如這個症狀持續很久，則可能是生病了，請帶牠到動物醫院檢查。

出嘶嘶聲或垂掛著鼻水，就一定是生病了。鼻水雖然是生病的一種徵兆，但狗狗經常會用自己的舌頭舔掉，所以飼主沒發現到症狀的情形好像也意外地多。

然而，不管是什麼疾病，早期發現、早期治療是很重要的。要是注意到愛犬有任何異常，請盡早帶著牠到動物醫院診治。這時，可用面紙幫牠擦拭鼻水，藉以觀察鼻水的顏色、狀態、份量等，能具體地向獸醫說明牠出現哪些和平常不同的症狀，可協助獸醫做出更正確的診斷。

另外，狗狗睡著時的鼻子會呈現乾乾的狀態，所以剛睡醒時鼻子會沙沙作響，飼主請不用著急，這點不需要擔心。

『不會痛嗎？』

現代的斷尾斷耳，比起實用性來說，傳統、習慣、流行性等影響因素更大，因此引發反對的聲浪。

應該很痛吧……
那是小時候的事情，我已經不記得了

在某個犬種的狗聚上，明明大家都是相同犬種，卻有外觀不同的狗狗混在其中。某隻狗狗是立耳的，但其他狗狗的耳朵卻是下垂的。在另外一個狗聚上，看到某隻狗狗尾巴很短，其他狗狗卻搖晃著長長的尾巴。

如果提起這些狗狗到底有哪裡不同，其差異則在於是否有斷尾或斷耳。沒有天生就立耳的迷你雪納瑞（Miniature Schnauzer）或杜賓犬（Doberman Pinscher），也沒有天生就沒尾巴的威爾士柯基犬（Welsh Corgi）或獅子狗（Poodle）。這些狗狗們都是在出生後沒多久就對耳朵或尾巴施行整型手術，以調整成理想的體態。在寵物店幾乎不可能買得到斷尾犬種卻沒有斷尾的幼犬，所以這或許是意外不為人知的事實。不過近年來，考慮不要斷尾斷耳、讓愛犬維持原始姿態的飼主也增加不少。

現在，認為斷尾斷耳是違反愛護動物的這個思維在全世界沸騰，甚至還出現由法律明文禁止斷尾斷耳的國家。不過，最初是因為實用性才開始斷尾斷耳，並不是以虐待動物為目的。例如，為了避免家畜踩到尾巴、敵人咬住耳朵或尾巴、以及拉貨車時不會被尾巴妨礙等。

從外觀可能很難看出來，
但我是來自北國的……

寧靜和煦的春日，公園聚集了各式各樣的狗狗。

有隻狗狗開心地這樣說：

「不熱也不冷，是剛好舒適的季節呢！」

但是旁邊的狗狗卻以有點驚訝的表情回應道：

「是嗎？我覺得很冷耶！」

然後旁邊另有一隻伸出舌頭散熱、一副倦怠發懶的狗狗，說：

「不不不，沒有比這更熱的了……。」

「嗯？這裡……，有這麼熱嗎？」前兩隻異口同聲地說。

『這裡……，
有這麼熱嗎？』

在相同的環境下會出現這樣不同的體感溫度，是因為毛皮、呼吸功能狀態、以及出身地不同，造成個體對溫度產生的忍耐程度不同。來自北方地區的狗狗大多擁有稱為Double Coat的雙重毛皮。分別是毛茸蓬鬆的外層毛皮，和生長濃密、禦寒效果高的內層毛皮。相形之下，來自南方地區的狗狗毛皮較單薄，通常是一體成型的單一毛皮。厚毛皮和薄毛皮，哪一種對冷熱抵禦能力強，應當已清楚明白了吧。另外，狗和人不同，牠們身上沒有汗腺，主要是由口鼻部來控制體溫。很熱的時候，會以伸舌頭散熱來降低體溫，以取代流汗的功能。口鼻部比較短的短頭犬種以及循環器官或呼吸器官生病的狗狗，比較不擅長調節體溫。也就是說，呼吸功能較差的狗狗會比較怕熱。

狗狗本來就是對環境適應力很強的動物，即便是體力或免疫力都比較差的超小型犬。只要尚在不須擔憂中暑的範圍內，讓狗狗能切身感受冷熱也是很重要的。

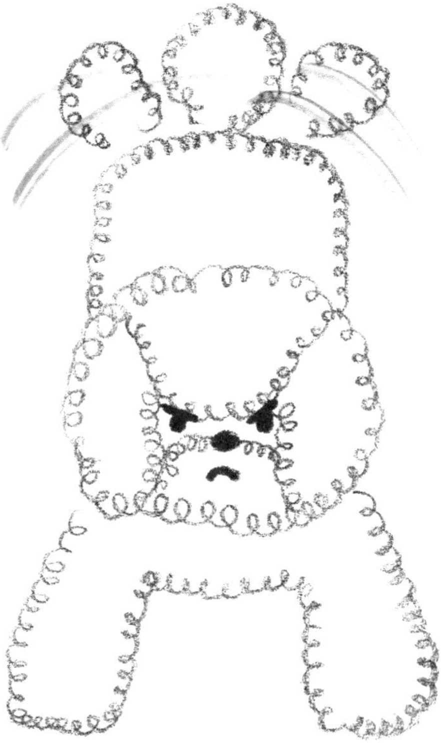

『我還以為你很高興……』

狗狗是不會把緊張和不安放在臉上的撲克臉動物，但牠們的尾巴卻非常誠實，經常會以尾巴表達情緒。請仔細確實地觀察尾巴的動作吧。

我明明已經（用尾巴）叫你不要靠過來了……

狗狗雖然不會和我們用詞語交流，但牠們其實非常會表達意見。透過臉部表情、耳朵動作、尾巴搖晃的方式、以及各式各樣的姿勢，牠們的身體語言非常豐富。愛犬感到高興而用力擺動著尾巴，或是呈現出身體捲曲起來的姿態，站在飼主的立場看來也是非常開心的。

不過，如果對象換成其他狗狗，就可能有些時候會搞不清楚牠在想些什麼吧。或許還會出現以為牠很友善，卻突然被牠「汪！」地吼叫一聲，嚇一大跳的情形。

狗狗的身體語言確實非常細膩。例如，同樣是搖晃尾巴，當牠擺動地劇烈有力又健康時，可能是高興的表現，然而，緩慢安靜平行搖晃時，則表示正在警戒。這兩者差異很大，如果誤判了警戒時的晃動而靠近牠說「真是乖孩子」，因而反被牠「汪！」地吼叫一聲，也是必然的。

此外，也曾有以為牠是開心地張著嘴笑，其實是害怕地露出獠牙等情形。當愛犬把身體縮著緊靠著自己時，有可能是全身放鬆撒嬌的情形，卻也可能是因外界帶來的不安感而尋求身體接觸的安全感，從當下狀況和狗狗整體的樣子解讀牠內心的真正意思是很重要的。被狗狗喜愛的人大多是擅長解讀這些身體語言的人。以狗狗的立場來看，這樣的人才是能放心地「無話不談」的對象吧。

『打呵欠和舔鼻子也未免太多次了吧！』

尤其是飼養不太會表達喜怒哀樂的犬種（日本犬、法國鬥牛犬）時，若是知道牠們的紓緩信號，將會大有幫助。

越是被喋喋不休地責罵越想要打呵欠啦……

狗，是很出色的表演者。即使沒有詞語交流，依然擁有身體語言這個交流工具。高興時搖晃尾巴、生氣時豎起背毛，這些常見的表現是我們能夠瞭解狗狗情感的動作。然而，還有能夠更加瞭解狗狗細膩心理的身體語言。那就是「紓緩信號（Calming Signal）」。是否明白狗狗的「紓緩信號」，能大幅度影響個人與狗狗對話的能力。例如「打呵欠」。這是狗狗在告訴對方「好了，請停下來」的訊號。其他還有「舔鼻子」↓「安撫自己的緊張情緒」、「面向外邊」↓「告訴對方再冷靜一點」、「聞嗅地面」↓「這個場所讓我感覺不安和緊張」、「突然僵住不動」↓「探詢對方的態度，相當緊張」等。

雖然都是很常見而且不太會去注意的動作，但卻大多是狗狗不安或緊張的展現，當牠感受到壓力時就會出現這些動作。如果多注意這些動作，就能適時地做出適當處理，幫助牠們解除壓力，「真不虧是主人！主人果然和別人不一樣呢！」愛犬對飼主的信賴感也必定能增加。相反的，處置不當的情形，例如狗狗明明已經表現出這樣的訊號，主人仍然不停地責罵牠。因此，如果狗狗頻繁地出現打哈欠或舔鼻子的行為，就差不多可以饒過牠了。

『很冷嗎？很害怕嗎？』

我也不清楚是哪個原因，但請注意這個顫抖

某個街道上，有隻擅長顫抖的狗狗。連在散步中，每次與行人擦身而過時，牠就會用力地顫抖身體。看到這模樣的行人會稍微離遠一點，然後詢問「很冷嗎？」或者「很害怕嗎？」。飼主雖然知道真正的原因，卻也只是輕笑著答「是啊」。其實是因為這隻對陌生人感到羞怯或害怕的狗狗，學習到只要顫抖身體，其他人就不會接近自己，所以才會故意顫抖身體。

狗狗顫抖身體確實是因寒冷或害怕等理由為主。特別是非常短毛的短毛犬（Smooth Coat）或幾乎沒長毛的無毛犬（Hairless

Dog），這類型的狗都很怕冷，如果冬季外出沒有幫牠們穿上一件外衣，便會冷得直打哆嗦。

另外，害怕打雷或煙火的狗狗也很多。當牠們感到害怕時會一邊發抖一邊緊靠著飼主，或是躲在能平靜下來的場所。也曾聽過有些狗狗會逃離浴室或水流下方等用水的場所，也有一說認為可能和打雷產生靜電有關。當狗狗想抖落水花等飛濺到身上的附著物時，會以顫抖身體的方式甩掉附著物。不僅是物質，只要是自己不喜歡的、感覺不舒服的東西，狗狗一樣會用顫抖甩動的方式擺脫。這個行為和我們搖頭的舉行很類似，或許能舒暢情緒呢。

身體的顫抖也可能是生病的徵兆。有可能是危險的中毒症狀或疑似低血糖，若愛犬的狀態不正常時，請立即就診。

『你要是喜歡乾淨，我每天幫你刷牙吧!?』

因為這原本沒有當作文化，可以請你幫我弄嗎？

現代已經是連狗狗都需要刷牙的時代了。或許有人認為這是過度保護，然而刷牙能影響狗狗的健康，具有延長壽命的效果，而且如果能加深愛犬與飼主之間的信賴關係，諸位狗狗愛好者應該還是會在刷牙上投入心血吧。

狗狗口中的酸性強，本來就比較不會蛀牙，但是吃下的食物容易氧化後變成牙垢或牙石附著，因這些殘垢而導致牙周病的案例不在少數。尤其是牙齒較小的小型犬常有因牙周病而拔牙或口臭嚴重的傾向，其中甚至有細菌影響到深及內臟的情形。現代連狗狗也進入高齡化時代。要是不好好照顧牙齒，年老後將會損害健康、縮減壽命。

當然，狗狗本身沒有刷牙的習慣。因此，幫狗狗刷牙稍微需要一點技術。最大的重點是，打從一開始就不要抱著「來刷牙吧」的挑戰心理。因為狗狗會對飼主這種拼命的態勢帶著防備心。請先從撫摸牠的嘴巴周圍讓牠習慣開始。一邊玩一邊撫摸牠應該比較不會抗拒。其次是讓牠熟悉刷牙工具，然後再慢慢模仿刷牙的動作，並同時加上獎勵，總之要想辦法讓牠熟悉。如果狗狗能因此讓飼主幫牠刷牙，也代表牠對飼主的信賴感增加，可說是一舉兩得。

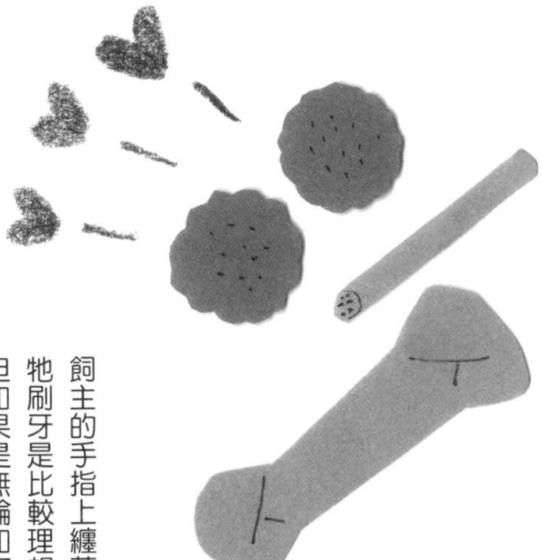

飼主的手指上纏著紗布來幫牠刷牙是比較理想的狀態，但如果是無論如何都不願意讓飼主刷牙的狗狗，不妨給牠只要啃咬就能達到刷牙效果的狗狗專用潔牙口香糖或繩子等市售商品。

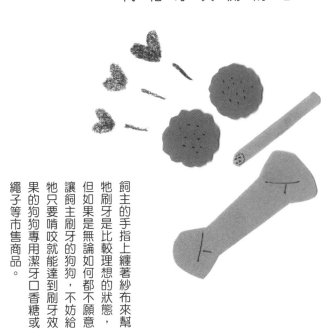

『你該不會是吞下去了吧……？』

商品明細

・布偶的眼睛
・鈕扣
・撕碎的面紙
・口香糖的外包裝
・地毯

如果不小心誤食，有可能會傷及腹部或卡在喉嚨或腸胃，也可能會有中毒危險，帶牠前往動物醫院診察才是最佳做法。

就是那個「該不會是」……
難道這是什麼不好的東西嗎!?

幼犬尤其好奇心旺盛。牠們想把任何東西都咬進嘴裡，惡作劇亂搞。牠們會把各種物品咬一咬、甩一甩、然後撕碎，藉以記住各種觸感。另外，幼犬也有乳牙換牙而出現牙齒癢、想咬周圍物品的時期。

因為這個原因，幼犬想咬東西的衝動是成長期的必經之路。以責備阻止牠是相當困難的。可以給牠玩具，並且有必要教導牠哪些物品可以咬及哪些不能咬。在這個前提下，必須得抱持著窗簾下擺或桌腳椅腳等觸手可及範圍內的物品，可能會被咬壞的心理準備。

不只限於幼犬，經常有狗狗誤把不能吃的東西咬進口中，甚至直接吞嚥下去的誤食事故。狗狗原本就具有不細嚼食物就直接吞嚥的習性，所以會把我們認為「該不會是……」的物品一飲而盡。經常被誤食的物品包括布偶的眼睛、鼻子的部分、撕得碎碎的面紙、點心的包裝紙等。也可能會誤吞小球。要是能隨著排便一起排泄出來倒也罷了，但可能會卡在喉嚨或腸胃，導致身體狀態突然異常，最後由外科手術取出的案例也非常多。

特別需要注意的是危險物品。如藥品、香菸、別針、竹籤等物品，請放置在狗狗伸手碰不到的地方，也請在有觸電危險的電線上安裝保護蓋。

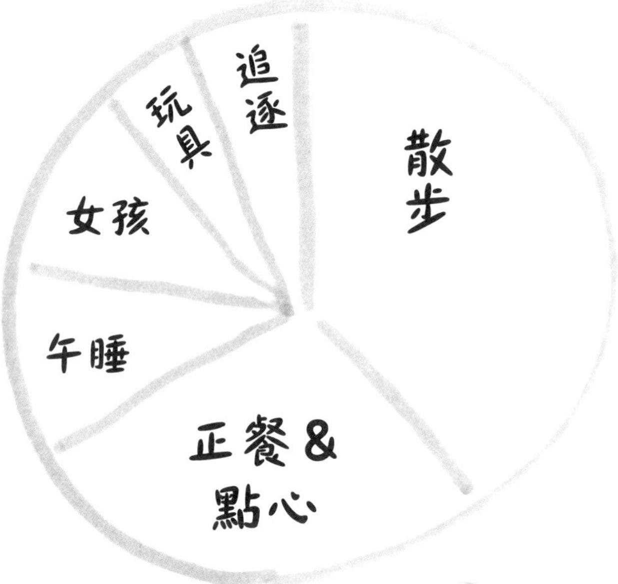

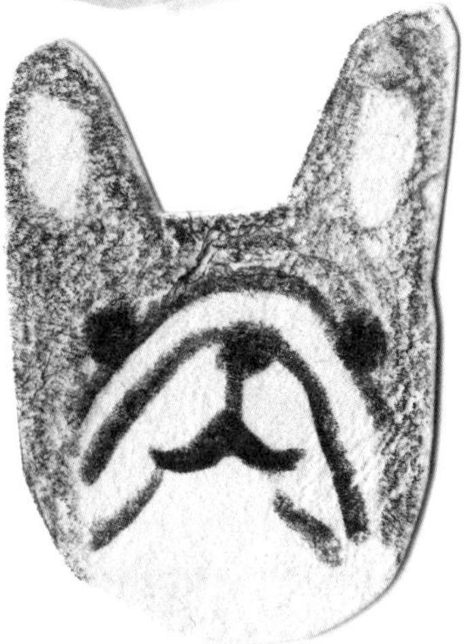

『真的是個小傻瓜呢～』

依據某個報導，據說世界上沒有「笨狗」存在。

別這麼說!!不管是多少，我都可以隨著你的喜好改變喔！

每隻狗狗都有各自的犬種特性。個別在學習、理解、運動能力等方面，出現擅長或不擅長等傾向。即使是混種犬，也會因牠所混合的犬種的血緣，而繼承該犬種的特性。當然，牠們也有自己的個性，所以也能說最後成為牠特有的性質，如果比喻為人，就像是每個人都多少有點不同，甚至還帶有各國的民族性。

而且，牠們也理所當然的，都有獨特的心。狗狗也和人一樣，擁有喜歡、討厭、高興、有趣、害怕等情感，同時，牠們的學習、理解、運動能力的程度，也會因這些情感而出現變化。

只要飼主能理解狗狗的情感意思，應該就不會短視地說牠是「笨狗」。同時，飼主一定會從多方面觀察愛犬，並以柔軟的心接受愛犬的各種表現。

「笨狗」可說是從人類的角度創造出來的。因此，要讓「笨狗」消失，其實也是取決於人類。

在這當中，我們自己得學習狗狗的事情才是重要的。最少得知道自家的愛犬是屬於哪一種性質的狗狗、哪一種生活方式對牠比較好、為此需要用哪一種方式對待牠、或是需要哪些訓練等等。然後，只要磨練必要的訓練技巧，和愛犬一起晉級的話，一定會出現無法用言語形容的「乖孩子」。

『可以算孩童的費用嗎？』

不行耶……不知道為什麼，我們是被當作「隨身物品」對待的

某日的列車上，有位把波士頓包抱在膝上的婦人坐在列車椅※上。乘客們一如往常般前來坐在婦人身邊，不過，其中有人突然注意到，波士頓包包裡竟然冒出一張非常可愛的臉。這隻身體動也不動、只有眼睛明亮清晰地四處張望的狗狗，安靜地和婦人一同搭乘電車。每個人都微笑地經過他們身邊。另外一個車廂內，有位抱著手提包的女性。她帶著一隻從外側看不見、被徹底裝進手提包內，而且只要有人一接近，便會發出低聲嗚叫的狗狗。乘客們都有些困惑地和他們保持了一些距離。好的，究竟哪一種方式才是適合公共場合的呢？

在日本，帶著狗狗一起乘坐公眾交通工具時，狗狗會被視為「隨身物品」對待。因此不能只幫牠繫上狗鍊就牽上車一起乘坐，而是必須把牠放入特定尺寸的「容器」內才行。如果是小型犬，則是放入手提包內，並必須支付隨身物品的費用。乘坐電車或飛機都是如此。

將狗狗比照孩童費用計算的是德國。只要幫愛犬買了孩童票，狗狗也可以正大光明地一起乘車。在車內，或許還能和其他狗狗相遇呢。不過，德國對狗狗的教育比日本傑出，所以狗狗不太會在公眾場合喧鬧。不知日本是否也會有這樣的社會到來？

導盲犬、照顧犬、導聽犬等身障者輔助犬，因為陪同身障者是其工作，所以可以一起乘坐交通工具。

※譯註：這裡的列車椅稱為Box Seat，是四人對座且空間較狹窄的座椅。

『請進來裡面的診察室！』

還有裡面啊!?
我在這裡已經緊張到破錶了！

動物醫院會有各式各樣的動物前來。如小型～大型的狗狗們、貓、兔子、白鼬等，可能會遇到其他平常沒機會見面的動物。候診室，就是這些動物們相遇的地點。喜歡動物的人，說不定還會有些興奮或期待呢。

不過，對狗狗來說，這裡卻是令人緊張的地點。因為必須暫時和沒見過的動物共處一室，還得身在無路可逃的單一空間內，所以通常都會帶著警戒之心。即使愛犬本來是親切和善的性格，都可能會對其他對象抱持警戒。因此和其他動物彼此保持適度距離是很重要的。

其實這不只是性情相合與否的問題。來到動

物醫院的動物們，幾乎都有各自的原因。當中不乏有不知道會被如何對待而極度緊張的動物，以及因受傷或生病而非常痛苦的動物等，都稱不上是狀態好的動物。而且，應該也有需要安靜的動物吧（即使本人沒有自覺）。

再者，不得不注意的是：傳染。也許有動物罹患了嚴重的傳染病，甚至是能傳染給人類的人畜共通傳染病。所以不只是為了愛犬，也為了我們自己，在動物醫院時不和其他動物接觸，才是正確的禮儀。

當然，飼主彼此談話交流都沒有問題。診察室也是交換情報的絕佳地點呢。

在叫到名字之前，狗狗的情緒是非常緊張的。如果是小型犬，飼主不妨把牠抱在膝蓋上，這個行為可以讓牠比較放心，也能使診察更順暢。

『我馬上就回來，你會乖乖在車裡等我對吧？』

不只是氣溫，高濕度也會導致中暑。可以頻繁地補充水分。緊急時，也可以把牠抱進裝滿水的浴盆裡讓牠全身浸在水中。

我是很想在這等你啦～但真的熱得我頭昏眼花的……

所有的狗都怕熱。因為牠們不像人類有出汗功能，只能透過呼吸使體溫降低。因此，如果愛犬開始伸出舌頭「氣喘吁吁」地散熱，便是體溫上升的證據。特別是三溫暖這種悶熱的環境最為難熬，也最容易導致中暑。

對這些狗狗而言，最具威脅性的是夏季的車內。即使車內有開空調，陽光直射的場所溫度依然非常高。每年，在車裡引發中暑症狀的狗狗數不勝數，就這樣喪命的也不在少數。因此，狗狗突然沒有精神、呈現無精打采的狀態，都是身體不適的徵兆。飼主必須立刻把牠移動到涼爽的地方，或是開窗換氣，讓牠的身體降溫。此外，若牠表現出筋疲力盡的樣子，則必須立即處理。即使在外出的地點，也必須立刻聯絡專門的獸醫，聽從獸醫指示。

中暑不只會發生在車內，炎熱的戶外、悶熱的室內也都會引起中暑。若狗狗出現氣喘吁吁、流出大量口水的情形，就必須要多注意。如果狗狗看起來呼吸困難，或舌頭鬆弛地伸在外面（呈紫色極危險！）且開始出現筋疲力盡的狀態時，飼主可以先幫牠側躺下來，以免牠的呼吸道被舌頭阻塞，然後立刻幫牠冷卻身體。除了把牠移動到涼爽的地點，並用冷毛巾或保冷劑放在牠的頭上外，也可以把這些冷卻用品敷在牠的腋下或後腿的大腿內側接合處等有大血管集中的位置，也會很有幫助。

『你是在吃醋嗎？』

因為你都沒有跟我商量，就來了這隻嗷嗷待哺的年輕狗狗！

如果喜歡狗，應該會很希望能被許多狗狗環繞著生活吧。不過，現實生活中，因為受限於金錢、時間、生活空間等，只要能和2～3隻狗一起生活，就是很幸福的了。

飼養多隻狗狗時，帶回第2隻狗狗的時間點很重要。因為先來的狗狗可能會有忌妒的情緒。先養的狗狗可以說是家中的獨子，就像人類小孩家裡忽然多了弟弟或妹妹時，小孩的行為就會倒退到嬰兒時期，狗狗同樣會忌妒後來的狗狗，而出現未曾有過的行為或性格轉變。

特別是第1隻狗狗若備受寵愛，那更無法避免吃醋。可能會因為傷心失望而情緒低落，反

並不一定是先來的狗狗就比較厲害。如果後來的是比較年輕、擁有充沛精神體力的狗狗時，也可能會出現以下剋上的情形。

而故意欺負後來的狗狗，讓情況變得棘手。

狗狗之間的性情是否相合比什麼都重要。飼養第2隻狗狗開始，與其考慮狗狗的犬種或性別，更需要觀察的是「性格」。是喜歡一起玩耍的嗎？還是習慣我行我素的呢？是活動力強的？還是慵懶悠閒的？這些都是需要考慮的。盡可能在帶牠回家飼養前，先讓牠們見見面。

同時飼養多隻狗狗的理想狀態，或許是看著狗狗們開心地一起玩耍的光景，只要沒有太大爭執，彼此能分別地和平共處在一個屋簷下，就可以說是關係良好。特別是第1隻狗狗是老狗時，說不定會覺得活動量大的幼犬或年輕狗狗很煩，所以飼主必須在區分生活空間上下一些工夫。另外，讓多隻狗狗和平相處的秘訣在於，不要把牠們聚在一起對待，必須讓每1隻都保有和飼主個別的關係。

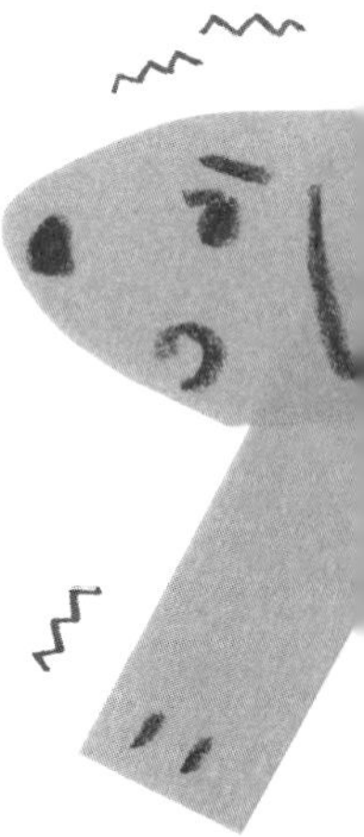

『你也想要換個環境好好喘口氣吧？』

換個環境重新振作……是什麼啊？
我也很喜歡現在的生活啊～

某戶人家帶著愛犬一起到高原旅行。狗狗在廣闊的高原上盡情地來回奔跑、飛躍河川，非常開心。另有一個家庭也帶著愛犬到湖邊旅行。初次來到湖岸的狗狗面露緊張，但沒多久就習慣了，在拍打過來的波浪邊戲水遊玩，度過了美好愉快的時刻。這些狗狗，都可說是適應性和好奇心都很高的類型。

然而另一方面，也有適應性低、恐懼心高於好奇心的狗狗。如果飼養這類型狗狗的家庭要帶著愛犬一同旅行的話，從車上下來的狗狗有可能會精神緊繃，不僅不願意看一眼自己最喜歡的玩具，也對玩球毫無興致。又有另一個家庭帶著愛犬遠行，緊張情緒破錶的狗狗相當驚慌，用力一滑就掙脫了項圈，然後往遠方奔逃而去。沒錯，與狗狗的旅行，就是和這樣的危險緊緊相連。如果愛犬是「在家最好」的類型，不妨把牠留下，託付給可信賴的親友照顧，由飼主自己前往旅行，這也是對愛犬的一種感情表現。

最後那個家庭在遍尋不著愛犬之後，前往附近的動物保護中心仔細傳達愛犬的各項特徵，期望他們如果捕獲到愛犬可以協助聯絡。很幸運的，兩天之後接到鄰縣動物保護中心的聯絡，終於與愛犬平安重逢。

如果愛犬在旅行地點走失，一定會讓人手足無措。為預防萬一，最好在出發前先查詢好附近動物保護中心的聯絡方式。

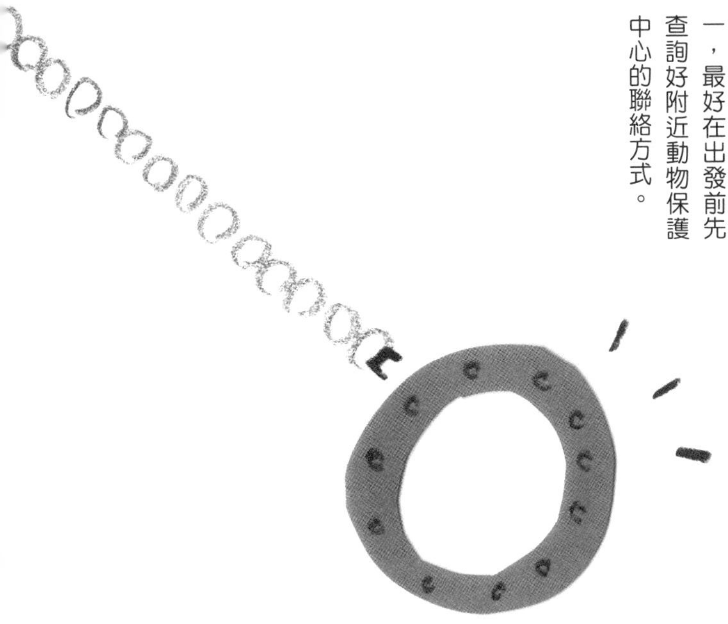

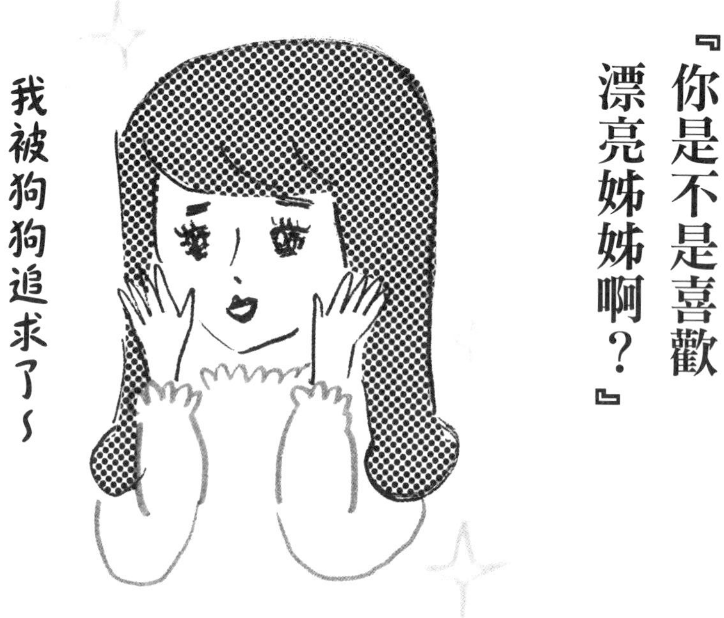

漂不漂亮我是不知道啦 但我喜歡這種感覺的人~

我們觀察狗狗時，會從「很大隻」、「很白」、「毛很蓬鬆」、「耳朵垂垂的」等外觀判斷牠是屬於哪一種狗狗，狗狗對人類也一樣，會依外觀判斷這是哪種類型的人。雖然在「個體識別」時，牠恐怕還是會經由嗅覺辨識，但第一印象依然會以外觀判斷。狗狗似乎是根據「女性」、「很瘦」、「很年輕」、「頭髮很長」等條件來分辨人。此外，女性的聲音比較高亢與溫柔，所以比較深得狗狗喜愛。這或許是因為男性的聲音又大又粗，會帶來些許壓迫感。不過，最明確的原因是，幼犬時期與自己關係較深厚的人所屬的類型，無論好壞都已根深蒂固地存在狗狗心裡了。

1歲之後又再度回到寵物店，然後又被新飼主帶回飼養的狗狗，每次散步途中只要遇到身材嬌小的年輕女性，就一定會停下腳步。只要遠遠看到是這樣的女性，就會停止前進，在女性通過身旁前一直盯著她瞧。飼主認為，「大概牠以前的飼主是位年輕女性吧」。

另外，從飼養員那裡帶回的狗狗，非常喜歡漂亮的大姊姊。尤其是發現高個子的婦人時，總會開心地搖晃著身體。因為這隻狗狗的飼養員正是身材高挑的中年女性。就像這樣，雖然不是同一個人，只要容貌姿態相似，狗狗都會率直地表現出自己的喜怒哀樂。

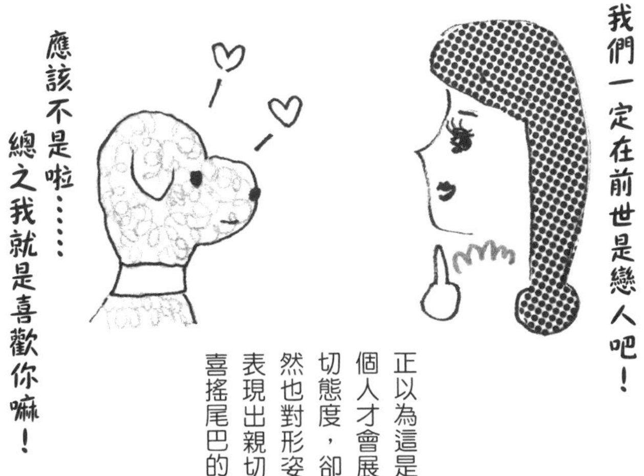
我們一定在前世是戀人吧！
應該不是啦……
總之我就是喜歡你嘛！

正以為這是只對我一個人才會展現出的親切態度，卻沒想到竟然也對形姿類似的人表現出親切和藹、歡喜搖尾巴的舉動。

『這種時候，要是你會講話就好了……』

就是啊，緊要關頭的時候，
我也是這麼想呢！

「如果能和愛犬對話，一定是非常有趣的吧！」會這麼想的飼主應該很多。這一點可從以前「狗語翻譯機」獲得廣大人氣看出來。然而，雖然沒有太多人知道，但其實有能夠和狗狗真正對話的人存在。這種人稱為「動物溝通師（Animal Communicator）」，誠如其名，他能夠和動物們進行溝通。乍看之下，他們像是使用了超能力、感應力、或者某種神奇的力量，而容易讓人認為他們具備某種特殊的才能，但動物溝通師本身，其實是累積了多項訓練後才得到的技術。不過，也有天生具備這種技術的人，以及溝通能力特別嫻熟的人存在，如果能和愛犬對話，或許夢一般的關係就消失了。因為，牠可能會要求許多東西，也會知道家裡的所有秘密。

這一點也是不爭的事實。

動物溝通師的作用很多，特別在美國有相當多具實踐性的活動。例如，尋找迷路的狗狗。溝通師透過飼主準備的迷路狗狗的照片，然後開始通訊。只要有反應，就可以得知：現在有精神嗎？在什麼地方呢？周圍看得見什麼東西嗎？等資訊，再根據這些資訊特定出狗狗當下的所在位置。

不只限於犬類，溝通師也能為農場的馬進行健康診斷。馬是感覺非常纖細的動物。據說，被農場主人請來的溝通師能仔細聽出馬所感覺到的不適，例如「從2～3天前開始，樣子就怪怪的」等。

『你知道伸手和坐下的不同啊!?』

主人的一切我全部都能預測喔！因為，你已經寫在臉上了嘛～

狗狗雖然不會說出詞語，卻好像能理解我們的用語。牠們究竟理解到什麼程度呢？

某隻狗狗總是傾著耳朵聽飼主所說的話，然後忠實地遵行指示。好像能夠分辨數十個以上的詞語。另一方面，如果飼主是比較寵愛或順著狗狗，而且沒有積極進行訓練的話，狗狗也可能會不聽從飼主的指示。

不過，這些都是從飼主的角度來看。現在，讓我們從狗狗的角度看看。以前者來說，狗狗似乎是認為「如果主人這樣說的話，我只要這樣動作就對了！」因而重視「遵從」本身。因為狗狗不是理解指示語的意思，而是聽從聲音。牠會觀察詞語的音調、聲色、甚至是嘴巴的開合方式，然後學習到這個詞語和飼主所指示的事件有何關聯性，接著再照著行動，並不時地觀察飼主的表情。這種類型的狗狗主要是作業犬。牠們有與人類合作一起工作的悠久歷史，在專業性方面的訓練性能高。至於後者，則會感到「有什麼用？」般，遵從的感覺比較淡薄。其原因五花八門，較常出現在自古以來如同蝴蝶花朵般，備受寵愛的賞玩犬等。

　無論愛犬是哪一種類型，都必須由飼主確實地教導牠「伸手」和「坐下」牠才懂得遵行。也可以說，飼主的教導意願對狗狗的遵從行為有極大的影響力。

能依靠的人只有飼主一個，狗狗也會為了不被拋棄而拼命努力。曾經被丟棄過的狗狗更是加倍認真呢！

想知道更多的狗狗情報

——性情融洽程度——

融洽程度：♡♡♡♡♡

大型犬和小型犬

小型犬中較強勢的狗狗居多，似乎不太需要擔心牠們

瞭解狗狗性情契合度的飼主們都會異口同聲地說：「大狗和小狗真是絕配！」。

乍看之下，好像對體型小的小型犬比較不利，但是狗狗會以盡量不弄傷夥伴的方式和對方接觸，對於體型比自己小了幾倍的對象，更會有意識地採取溫柔的對待方式。結果，反而誘發出大型犬溫柔的一面，如果夥伴是較強勢的小型犬，甚至還可能出現幫牠擦屁股的大型犬呢。

如果是一起散步的關係，經由配合大型犬而做的運動，也可能因此調教出充滿陽剛氣息的小型犬喔。

融洽程度：♡♡♡

小狗和小孩

從這裡奔逃而去的行為，對狗狗來說是不可多得的好獵物？

即使家裡有小孩，和狗狗的生活仍然充實有趣的家庭非常多。小孩和狗狗雙方都喜歡遊玩，情感也都非常豐富，彼此都把對方視為重要的存在。

只不過，他們之間是容易發生咬傷事故的關係，卻也是事實。小孩自己可能會有沉迷在遊玩狀態而做出不尊重狗狗心情的行為，也可能在害怕時直接從某處奔逃而去。當然，不是只有小孩不對，狗狗也可能會對討厭的對象或弱者（獵物）做出無情的舉動。牠也可能出現本能地伸出獠牙的行為，所以飼主必須注意地看著他們。

融洽程度：♡♡♡♡

狗狗和老人

只要是和點心有關的事，狗狗的利己主義就會表現在臉上

多年相伴的狗狗和老人的這種組合，是彼此相親相愛的圓潤關係。即使是對飼主以外的老人，狗狗也會立刻頓悟到無法和對方成為遊玩的朋友，而輕輕地問候對方。可說這種關係是能引發出狗狗溫柔性格的關係。

另一方面，這樣的互動，卻也是引發狗狗利己主義的關係。老人會不自覺地以對待孫子的心情寵愛狗狗，經常會給予狗狗過多的點心。結果，可能在狗狗的眼裡看來，連家人或鄰居都是「可以索討點心的對象」，如此一來，可能偶爾會陷入由狗狗掌握主導權的關係。

融洽程度：♡♡♡

狗狗和其他動物

在沒有「其他動物」這種概念的狀態下也會有發抖害怕的情形嗎？

狗狗是社會性很高、即使不同犬種仍會有同伴意識的動物。不過，剛開始不管哪隻狗狗都會對沒見過的生物抱持警戒。不過只要在得知對方沒有戰鬥意識後，好奇心較高的狗狗會突然對對方感興趣。如果對方也不是完全沒反應的話，就能建立交流進而共存。

身邊是否以貓狗同居的友人居多呢？其次，還可能同時飼養可作為被捕食者的兔子或小鳥等，此外，當中還有和被認為「犬猴不睦※」的猴子和睦相處的狗狗。牠們任一種都是從小一起生活成長，就能相處得很好。

※譯註：犬猴不睦的原文為「犬猿の仲」，形容水火不容。

Part. 3

即使你變成了老爺爺、老奶奶

『能變成這麼棒的好孩子嗎？』

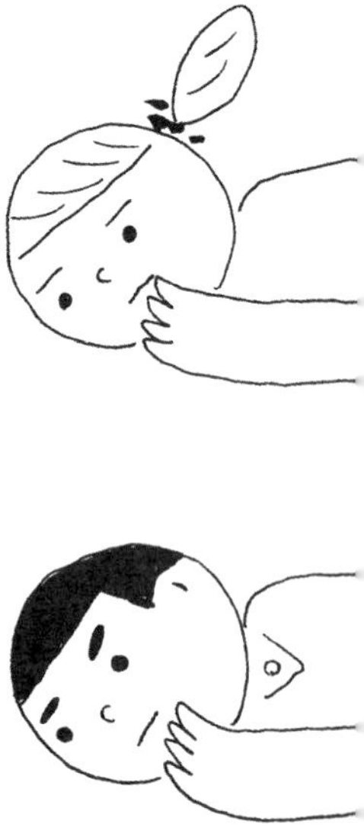

在人類世界，要定義「好孩子」，也是非常困難的。認為「我家的寶貝是最棒的！」，就是最頂級的「好孩子」吧。

當然！我也打算要這樣喔！所以請用淺顯易懂的方式教我嘛！

經常會聽到「我家寶貝是非～常棒的狗狗……」或「我家那隻真是個笨孩子……」等，對自家狗狗的評價。在一旁聽到這些評價的狗狗，心中又是怎麼想的呢？

「我家主人真是非常善解人意！」或「我有時候實在有點不懂我家主人說的是什麼」。沒錯，狗狗評論人的標準並不是飼主是否能言善道、擅於表現，而在於和飼主之間的交流互動。因此可以說，被稱為好孩子的狗狗們，能充分理解飼主的意思，進而做到飼主所要求的動作。

另一方面，被評斷為笨孩子的狗狗們，似乎總是會偏離飼主原本的想法。首先，必須要消除這種偏離誤解，因此必須進行訓練。如果能使交流能力提升，狗狗可以理解飼主的要求，那麼「好孩子」就誕生了。

像這樣的「好孩子」是可以訓練造就出來的，不是血統好壞的問題。當然，也會有與生俱來的性質。例如容易興奮、友善親切、膽小害怕、易怒……等。不過，這些性質都是個性。但這裡說的性質不是指個性。例如，雖然性情友善親切，卻總是不聽飼主的話。或是很愛生氣，總是不讓其他人靠近牠，但卻是首屈一指、出類拔萃的忠犬。那麼，哪一種才是「好孩子」呢？

我也會為了主人，努力和其他人或其他狗狗好好相處的

飼主所認為的「好孩子」，不見得就是其他人眼中的「好孩子」。尤其是像日本犬這樣與主人齊心一意的狗狗們，甚至有除了飼主以外不會靠近其他人的習性。如果終其一生都持續和家人一起生活，那完全沒有問題，然而，臨時有麻煩或需要時，卻可能因此而難以請求他人協助。舉凡旅行、搬家、突然住院等，這種稍微需要人幫忙的時候，如果不是「好孩子」，必定會很難找人幫忙。

而且災難發生時，無管是多麼重視愛犬的人，也可能出現無法親自照料的情形。這時，就會要求「好孩子」的真正價值。能和其他人相處融洽的、比較順從聽話的狗狗，確實比較會得到疼愛。只要能和其他人一起遊玩，就能度過愉快的時間，狗狗本身的壓力應該也會減少。

假設萬一發生了災難，任何狗狗都須學會的基本訓練中，最重要的是：「ＮＯ！」和「ＯＫ！」。對於不允許的事情，以短促又低沉的聲音說出「ＮＯ」、「不可以」或「不行」制止牠。相反的，以說出「很好」來誇獎牠，教導牠「好」或「ＯＫ」這個詞語也是很重要的。另一個重要的是「坐下」。坐下，是狗狗在各種場合能夠重整情緒的基本姿勢。無論何時，只要用坐下讓狗狗重新調整呼吸，就能控制牠的興奮情緒。如果也能學會「趴下」，便能成為更理想的狗狗了。

「坐下」和「趴下」雖然看起來只是單純的訓練，卻是能在許多場景派上用場的姿勢。訓練不是學習技藝，而是一起生活時的重要規定。

『難道這真的是義務嗎……？』

關於結紮或避孕的費用，公狗結紮大約2～3萬日圓，母狗避孕（可能會需要住院）大約3～5萬日圓。依據日本自治體不同，也可能會提供部分輔助金。

只要是主人您決定的事！因為就算進行了手術，我也還是我！

想看到愛犬生下的可愛幼犬！會這麼想的飼主應該不少吧。但是，不管愛犬有多可愛，類似以下情形的狗狗，在懷孕、生產上都可能有極大負擔。例如，「在繼承標準上有禁止繁殖的特徵（骨架等）」、「有遺傳性疾病」、「體型太小（尤其是母狗）」、「有罹患疾病」等。

那麼，要是不讓牠繁殖，應該幫牠結紮或避孕嗎？關於這個問題，只要有人認為好可憐、違背自然等否定意見，自然也會有人持肯定的看法。結紮或避孕各有優缺點，所以實際的考慮因素也五花八門。

優點方面，無論是結紮還是避孕，都能避免非期望下的交配和懷孕（尤其是多頭飼養的情形）、比較不容易罹患生殖器相關疾病、可免於發情伴隨而來的興奮和行動轉變（興奮、奔逃等），若飼養的是母狗，還可避免出血症狀等。缺點方面，無論是哪一種，手術時都會有麻醉風險，而且難以避免術後賀爾蒙混亂而引起的肥胖問題。

另一點值得注意的是，性情的轉變。可看出公狗的攻擊性降低，有趨近平穩的傾向，然而，母狗會變得固執難搞還是溫柔平靜，其變化結果受到個體差異的影響極大，因此無法預測。

『這個，該不會是……白頭髮？』

是啊，我的第二人生即將開始囉！

狗狗的一生非常短暫，大約十數年就會走到生命盡頭。還覺得愛犬仍是個孩子，沒想到一轉眼已經進入到晚年時期。真是「光陰似箭、歲月如梭」。

狗狗超過7歲就差不多進入到老年了。7歲的狗狗大部分都還很有精神與體力，感覺不出老態，但儘管外觀上沒有什麼變化，狗狗的身體卻確實已經朝老化前進了。把飼料從成犬專用更換成老狗專用，也是在這個時期。

生活方面，會出現白天的睡眠時間稍微增加、敏捷程度略顯不足、跑步速度稍微緩慢下來等難為情的變化，這些都是老化的徵兆。作為飼主，注意到這些徵兆雖然也有點感傷，但為了讓愛犬有更好的老年生活，以積極的態度接受並理解愛犬的老化是很重要的。

在外觀的變化上，會最先注意到的，恐怕是白頭髮。狗狗也是有白頭髮的。到了10歲上下，毛皮上會開始有白色毛髮摻雜，通常會從下顎、嘴巴周圍等臉部開始逐漸變白。漸漸地連身體也有白色毛髮混雜，一留神，整張臉都是白的了。很意外地，隔了一段時間才又見面的其他人，反而會比每天見面的飼主更先注意到「冒出白頭髮了呢」。

也是從7歲左右開始會變得容易生病。飼主必須意識到愛犬的體力和免疫力已逐漸降低，選擇最適合的態度對待牠。

狗狗的7歲，據說是人類的40多歲。是開始意識到健康狀態上「已漸漸不再年輕了呢」的年紀。

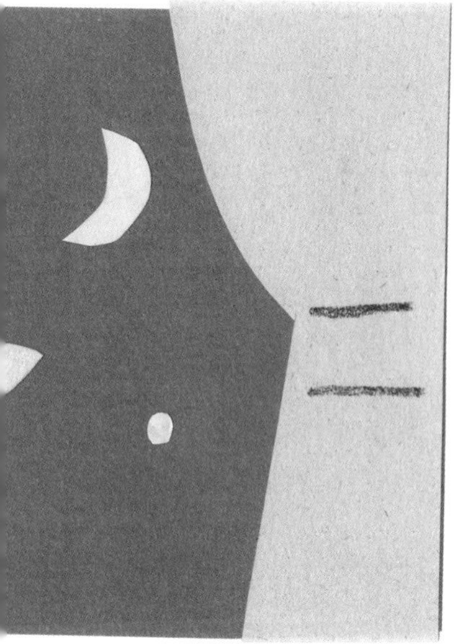

『大半夜的，怎麼啦？』

啊？還是晚上啊？我這麼吵真是抱歉

「媽媽～餐點還沒好嗎？」「唉呀，真是的，你才剛剛吃過喔！」。像這種典型的老年癡呆的對話，也會發生在狗狗身上。在食物和動物醫療品質皆提升、狗狗也迎向高齡化社會的現在，罹患老年癡呆的老狗逐漸增加了。

狗狗的老年癡呆通常可在13歲前後看出症狀。會出現：視力和聽力變差、反應變遲鈍、生活節奏開始不規律、走路時會左右搖晃、飲食・排泄・步行等以前可以獨力完成的事情現在無法自行處理等症狀。也可能出現朝單一方向繞圈似地旋轉，或者想鑽進狹窄的地方卻無法後退而卡著出不來等徘徊方面的老年癡呆特

即使是人類，晝夜逆轉也是老年癡呆的症狀之一。狗狗也是。在深夜或清晨醒來活動的老狗非常多。

有症狀。如果症狀持續演進，甚至還會以單調的叫聲從大半夜一直持續地叫到天亮。愛犬的身心都需要照顧，與愛犬的生活也必然會出現極大變化。

老年癡呆症，是因年老而出現的學習能力降低的疾病。以「停下來」等詞語重新教育狗狗本身是很困難的。因此，重視愛犬仍擁有的能力，或是藉由調整環境等方式替代已無法進行的能力，才是最佳方法。近年，網路和書籍已充分提供了各種有關照顧老年癡呆的狗狗的資訊。為了能不慌張不焦慮地讓狗狗走完餘生，只有相伴多年的飼主，才能做得到這些照護。

『你最近都不太吃耶……』

就算覺得很想吃，也不像以前那麼吃得下了……

和人類一樣，對狗狗而言，「食」是健康的來源。首先，從壯年~中年期，身體的成長開始停止，新陳代謝的能力也開始降低。要是沒有進行飲食控制，將會導致中年肥胖。開始意識到肥胖或節食也大致是始自這個時期。

超過7歲後更換成老狗專用飼料是狗狗飲食控制的基本。無止境地給牠年輕時那種高脂肪、高卡路里的飲食，將無法避免中年肥胖。取而代之的，要讓牠攝取更多良性蛋白質和礦物質。市售的老狗專用飼料已將這些營養均衡地調配在飼料裡。壯年~中年期，即使是食欲很好且出現中年肥胖的狗狗，也會從10歲前後開始減少飲食的量。人類也是如此，年齡增長後消化功能降低，運動量也減少，所以不像年輕時能吃得下那麼多。就算多少有點放縱牠，讓牠確實吃下東西才是重要的。

如果老化持續演進，準備低卡路里又容易吸收的食物是必然的，也必須開始花一些工夫，例如把食物浸軟或取適量切碎等，讓愛犬能更容易吃。然而，愛犬或許會從某個時期開始明顯地不吃。如果出現這個情形，代表愛犬已經到了即將臨終的最後準備階段。必須逐漸思考最後的照料方式。

老狗不只是消化功能衰弱，牠的牙齒也變差，吞嚥能力也會降低。食慾減退的原因，或許就是因為「咬不動」和「吞不下去」所致。

『來，到房間去』

看起來像是在睡覺嗎？
但我其實正參加著家族的團圓聚會耶

老狗的一天，可說是從睡眠開始，在睡眠結束。身體功能降低的同時，睡眠時間也自然增加了。一整天都在睡，只有吃飯和排泄的時候會輕輕起身……，不知從何時開始成為這樣的生活。

乍看之下，身體看來是一動也不動地一直熟睡著，但其實老狗幾乎不會熟睡。狗狗原本的睡眠就幾乎都是淺眠※1，即使是睡著的，仍然能確實掌握住周圍的狀態。因此，如果談話中提到某位在意的朋友，狗狗的耳朵就會稍稍擺動，而且只要些微地查覺到有點心的現身，甚至還會立刻起身。

比起成犬，老狗更加淺眠。但是老狗對周圍的關心程度本來就比較淡薄，加上起身又麻煩又疲累，才會在乍看之下，像是一直熟睡著。愛犬年紀大了後，為了盡量讓牠有安穩的睡眠，最好能為牠準備一張安靜的睡床。不過，突然的轉變容易讓愛犬感受到壓力，因此，必須盡量不要破壞原本的生活環境。狗狗深眠※2的時間很短，外觀看起來像是非常忙碌。一下子抽動身體，一下子喃喃地說著夢話，完全沒有安靜入睡的模樣。然而，這才正是牠熟睡的證明呢。

※譯註1：淺眠，即快速動眼睡眠（Rapid Eye Movements Sleep，REM sleep）。

※譯註2：深眠，即非快速動眼睡眠（non-Rapid Eye Movements Sleep，non-REM sleep）。

狗狗一天的平均睡眠時間，成犬約有12～15小時。老狗的時間則更長，如果勉強把牠叫醒，帶牠出門繞繞，牠會感到睡眠不足而非常疲憊。

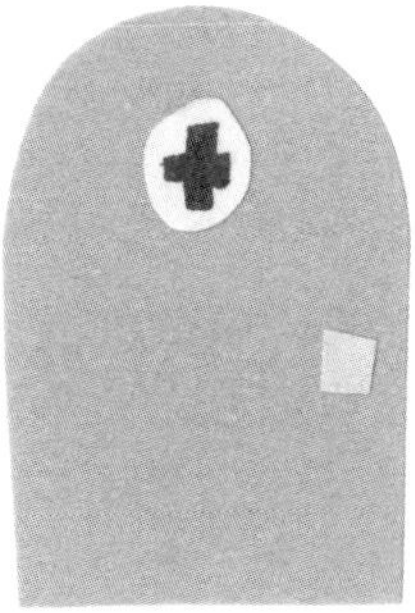

『徹底地治好它吧！』

如果從幼犬時期就曾透過派對日而得到疼愛，狗狗便會覺得是開心地前去與獸醫和員工們相見喔。

今天是什麼日子啊？是愉快的派對日嗎？

對狗狗來說，動物醫院是疼痛、恐怖、不被喜歡的場所。但若是討厭醫院，在急需的時候會有點困擾。在醫院前無論如何都不肯動一下，或是緊張地顫抖不已而難以傳達病症，又或者趨前咬住獸醫……。動物醫院，不只是治療疾病的場所。也是健康診斷或預防疾病上不可缺少的地點，還可以購買藥物或食物。其中，有同時經營寵物美容（修剪）或寵物旅館的，也有會舉辦派對日的。藉由充分使用這種非治療的機會，能讓愛犬不會單純認為「動物醫院＝治療」而感到討厭，可以改變狗狗對醫院的印象。飼主不採取嚴肅的氣氛，甚至只是輕鬆地和醫院同仁談笑，就能讓狗狗感覺醫院不單是只有恐怖感覺的場所。

緊急診察時，以「雖然以往都是〇〇，但從2天前開始是××」等方式明確地敘述狀態變化，也可以減輕愛犬對醫院的討厭程度。雖然獸醫是專家，但也沒辦法立刻全盤掌握狗狗的健康狀態。對於缺乏資訊的部分，需要加倍的觸診或檢查才能得知。因此，把狗狗放上診療台後並非全權委託獸醫處理，而應該盡量協助問診，提供資訊，這一點相當重要。為了讓診察順利，並能確實提供資訊，最好是由家中最熟悉愛犬狀態的人一同前往醫院。

『還好嗎？身體會不會很吃力？』

沒問題的！你看，我周圍有很多老狗同伴呢！

「老狗，像穿慣的舊鞋一般，非常舒服。它們可能有點變形，或是邊緣有點磨損，但它們合腳。※」這是美國著名獸醫師Bonnie Wilcox相當有名的一段文章。這應該是曾與老狗共同生活過的人，都會認同的一段話吧。沒錯，老狗雖然年紀老邁，精氣神都大不如前，但牠本身，卻是其他事物都難以取代的重要存在。

不管是多麼精神洋溢的狗狗，只要上了年紀，都會有腰部腿部衰弱、內臟功能降低、老年癡呆出現等，出現在各方面的老化問題。甚至也可能出現需要照護的情形。確實吃飯、獨力排泄、四處散步，這些年輕時輕而易舉的事情都會漸漸難以完成。

一旦發現這些老化的徵兆，剛開始或許會感到愕然或遺憾。然而，照護並不是某天突然開始需要，因此飼主應有心理準備，慢慢加深覺悟，照料愛犬的合宜方式也會固定下來。

即便如此，仍會有許多不明白的事情與不安的事情相繼出現。近年，狗狗也邁入高齡化社會。各式各樣的照護資訊都刊載在書籍或網路上。可從中獲知適合老狗的舒適生活、環境、飲食、特殊護理、經驗談等有用的資訊，內心平靜地度過照護生活吧。

※譯註：原文為「Old dogs like old shoes, are comfortable. They might be a bit out of shape and a little worn around the edges, but they fit well.」。

照護用的挽具（harness），能在往來醫院時讓愛犬順利乘車，是附有手柄、提供步行輔助的護胸綁帶，非常方便。飼主的關愛與巧思，是對狗狗來說最具有療效的東西。

如果照護用品能讓你省力一些，我也會感到輕鬆的

當愛犬開始需要照護後，不妨可以找一些便利的照護用品輔助。最近已開始市售各種狗狗的照護專用品。如果腿部或腰部衰弱，只要使用了移動用的照護挽具或輪椅、可支撐衰弱腿部的護具、能克服樓梯高低的坡度板等，便能讓狗狗持續喜歡的活動。尤其照護挽具非常方便。它能從腰部提起腰部以下肌力衰弱、站立起身或步行都變得相當困難的老狗，同時，其結構本身不會對腹部造成負擔。如果年邁的愛犬無法自行控制排泄，只要幫牠包上尿布就能確保衛生無虞。狗狗專用的尿布是照護的基本商品。中型～大型犬，也可以將人類嬰兒用的

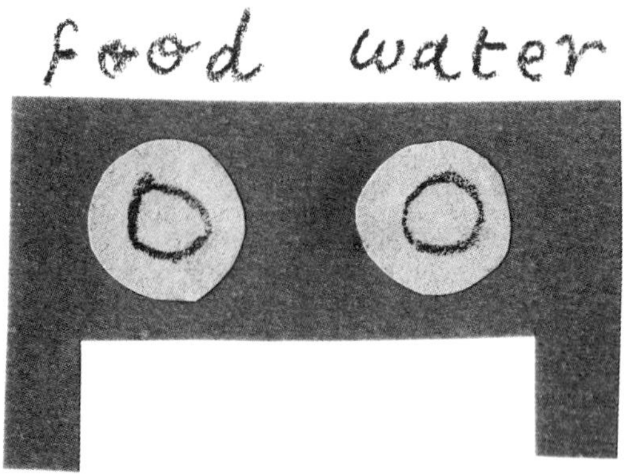

尿布剪出一個尾巴的開孔，就能輕鬆使用了。如果愛犬臥床不起，可以用預防褥瘡的墊子維持牠的健康。此外，如果開始有老年癡呆的症狀，可以活用圓形圈以免牠撞到受傷。

再者，一旦吞嚥能力降低便容易在吃東西時噎到。與其讓牠就著擺在地上的餐具吃東西，最好將餐具移放到桌台上，讓牠不用壓低脖子就能吃得到，對老狗的喉嚨比較舒適。

這只是其中一例，狗狗當然也希望能使用可讓飼主更省力的照護用品。雖然照護方經常會忙得團團轉，但是當飼主身心都放鬆時，將能為愛犬帶來無比的安心。

比起大型犬，小型～中型的狗狗有比較長壽的傾向。其中，甚至有超過20歲（相當於人類的一百歲左右!?）以上的長壽犬。活用照護用品，讓愛犬也能更舒服地生活。

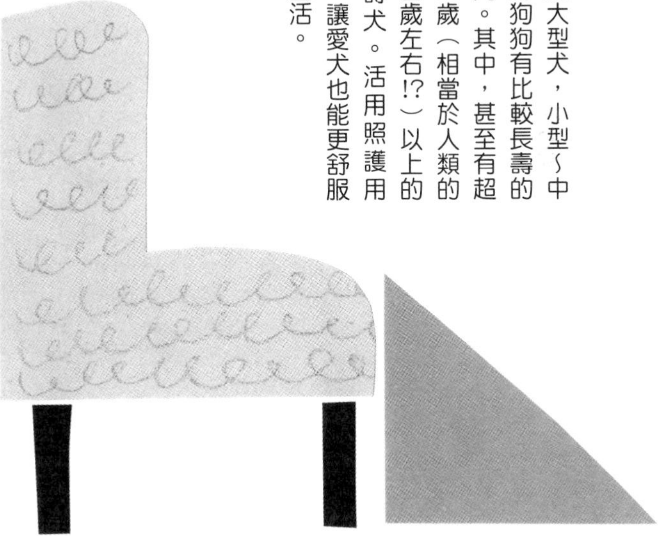

『要幫你披件衣服嗎？』

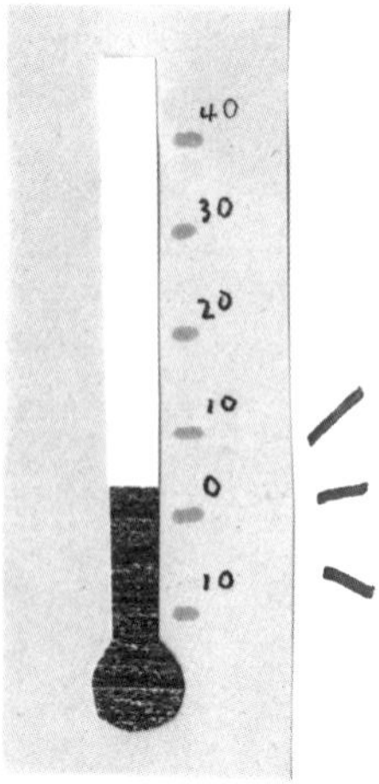

我可以拜託你嗎？我已經到了很怕冷的年紀了

狗狗原本就對寒冷的抵禦力很強，但是上了年紀後，新陳代謝降低，開始變得怕冷。另外，老狗的心臟和關節也漸漸出現毛病，變成寒冷侵體就身體疼痛的體質。雖然也和個體原本的耐寒能力有關，但飼主仍需要為老狗過冬付出一些巧思。

首先，牠度過一天中大部分時間的睡床，必須要確實做好保溫。不只能讓牠的血液循環變好而使體溫上升，還具有不讓肌肉緊繃僵硬的效果。避開冷風吹過的位置，盡量設置在白天日照佳的地點。床鋪上準備溫暖的材料，並視情況鋪上寵物用加熱墊充分保溫。不過，過度加溫可能會引起低溫燙傷，注意勿使身體悶熱。

另外，隨著老化，寒暖的差異也變得比較明顯。如同我們在初春時會以穿脫外套來調節溫度般，若能以衣服幫愛犬調節溫度，愛犬必定會很開心。尤其是嚴冬，從溫暖的室內外出時，只須幫愛犬披上一件狗狗用的背心或毛衣等外衣，便能讓牠的體感溫度瞬間改變。穿著衣服比較容易立刻溫暖起來，所以開始散步時最好能幫愛犬穿上一件。稍微走一段路，身體溫度上升後，再幫牠脫下來。殷勤的關懷，能更減輕愛犬的身體負擔。

狗狗的衣服現在是流行時尚的一部分。但對狗狗來說，衣服只是穿著會有好處的實用品。挑選愛犬喜歡的材質和形狀是很重要的。

只有我家是這種情況嗎？

COLUMN 2

狗狗長壽的秘訣

和過去的狗狗相比，現代的狗狗明顯長壽許多。動物醫療進步且預防針普及的結果，狂犬病、細小病毒感染（PPK）、絲蟲病等，使得這些會奪走年輕狗狗性命的傳染病罹患率大幅減少。另外，把狗狗視為家族成員疼愛的風潮也是長壽犬增加的極大原因。許多狗狗能夠過著身心健康的生活。希望愛犬能夠健康長壽，這是愛狗人士的共同心願。現在，這個心願正廣泛地實現著。

CASE-1

吃到親手做的料理會很高興！

狗狗也和人一樣，年紀越大，飲食生活越容易影響健康。以大量新鮮食材親手製作料理，幫助狗狗恢復年輕的主人，可不在少數呢。

CASE-2

克服食慾問題

隨著老化，有些狗狗會食慾減退，卻也有食慾增加的。後者比較具備長壽的條件。因為牠會為了想吃東西而努力地以自己的力量站起身，然後一溜煙地跑過去。

CASE-3

豐富的良性刺激

與飼主的交流越多，越能夠長壽。這對狗狗來說是很好的刺激，與活化身心息息相關。

結語

根據2012年度（日本）PET FOOD協會的調查，狗的平均壽命為13.9歲，其中超小型犬為14.76歲，小型犬為13.85歲，似乎是體型越小越長壽。與過去相比，狗狗的壽命和人類一樣，已經延長了許多。

不久前明明還是隻幼犬，怎麼一轉眼就變成了成犬，再次留意時，嘴巴周圍長出了白髮，炯炯有神的明亮雙眼也和以往不同。最近是不是有點重聽？是否連飼主回家了都沒有注意到？等到飼主注意到這些變化時，愛犬已經徹底變成「老狗」了。另外，愛犬持續長壽化，代表著愛犬的照護之日必定會到來。

本書中，詳細敘述了前作《想對狗狗說的許多話》中未提及的「狗狗的老化」和「照護」相關內容，並具體介紹了照護方法。我也將自己照護老狗的經驗寫在本書中。照護老狗，說真的，實在是非常辛苦。然而，在那之前的歲月中，我從牠的身上獲得了許多珍貴甜美的回憶。我家現在有隻15歲的拉布拉多拾獵犬。這個犬種雖然很長壽，但牠的餘年應該也所剩不多了。我期許自己能竭盡全力地陪伴牠剩餘的短暫時光，也期盼每位愛狗人士都珍惜與年邁的愛犬相處的每一刻。

PROFILE

中村多恵 (Nakamura Kazue)

狗狗的教養輔導員。日本能力開發推進協會認定上級心理輔導員。擁有愛玩動物飼育管理師1級資格。1990年向Terry Ryan女士學習狗的教養正向強化法（誇獎教養法）的理論，並修畢日本動物醫院福祉協會家庭犬教導員資格7級。之後相繼於八王子市內、相模原市內的動物醫院、寵物商店，擔任執行幼犬、成犬教養訓練相關問題行動的個人諮詢對象。本身的養狗經歷達50餘年，現在與愛犬拉布拉多拾獵犬（15歲）一同生活，同時，提供飼主解決狗狗問題行動的方法，以及喪失寵物時的心境調適等諮詢。

TITLE

毛小孩讀心術

STAFF

出版　瑞昇文化事業股份有限公司
監修　中村多恵
譯者　張華英

總編輯　郭湘齡
責任編輯　黃雅琳
文字編輯　王瓊苹　林修敏
美術編輯　謝彥如
排版　菩薩蠻電腦科技
製版　大亞彩色印刷製版股份有限公司
印刷　桂林彩色印刷股份有限公司
　　　紘億彩色印刷有限公司
法律顧問　經兆國際法律事務所　黃沛聲律師

代理發行　瑞昇文化事業股份有限公司
地址　新北市中和區景平路464巷2弄1-4號
電話　(02)2945-3191
傳真　(02)2945-3190
網址　www.rising-books.com.tw
e-Mail　resing@ms34.hinet.net

劃撥帳號　19598343
戶名　瑞昇文化事業股份有限公司

初版日期　2014年7月
定價　250元

國家圖書館出版品預行編目資料

毛小孩讀心術 / 中村多惠監修 ; 張華英譯. -- 初版.
-- 新北市 : 瑞昇文化, 2014.06
192面 ;14.8X21公分

ISBN 978-986-5749-52-1(平裝)

1.犬 2.寵物飼養

437.354　　103010177